読みやすい コードの ガイドライン

持続可能な ソフトウェア開発のために

石川宗寿

技術評論社

はじめに

「このコード、何をしているのかさっぱり分からない...」「仕様を変更しなくてはならないけれど、いったいどこから手を付ければよいのだろうか？」

ソフトウェア開発において、ほとんどの開発者はこのような経験をしたことがあると思います。仕様としてはそこまで複雑でないはずなのに、難解で、罠が多く、少しでも変更を加えると壊れてしまうコードと対峙してきた人も多いでしょう。あるいは、完璧で美しいコードが書けたと思った数ヶ月後に、「なんでこんなコードを書いてしまったのか」と自責の念に駆られたことがあるかもしれません。筆者も同じような経験を何度もしてきました。

どのようなコードが読みやすいのか、開発者はどのような読みにくいコードを書いてしまいがちなのか、また、読みやすいコードを書くためにどんな工夫ができるのか。これらの疑問に対する筆者の答えとして、2019年に「Code readability」というプレゼンテーションを公開しました[*1]。このプレゼンテーションには、大規模開発でのコードレビューやリファクタリング[*2]を通じて筆者が得た知見がまとめられており、通常はこれをベースに8時間の講義を行っています。本書は、このプレゼンテーションに文脈や具体例を補足し、講義を聞かずとも同じ内容を理解できることを目指したものです。

本書が、ほんの少しでも開発者の助けになるのであれば幸いです。

本書の内容

本書は、読みやすいコードの書き方について、次のような順序と構成でお話しします。

まず、このあとの第1章では読みやすいコードが必要な理由とプログラミング原則について、そして、続く第2章と3章ではコードの中に現れる自然言語としての観点から、名前のつけ方とコメントについて述べます。第4章と5章では、

---

*1 https://speakerdeck.com/munetoshi/code-readability
*2 仕様を変えないように、コードやその構造を改善することです。

クラスの内部の構造である状態と関数について、第6章でクラス間の構造である依存関係について説明します。そして最後の第7章で、可読性の観点からレビューについて解説します。

本書で使用する語句とコード

本書では、おおよそKotlinにおける語句の定義を利用しますが、他のプログラミング言語を利用する場合でも応用可能なように、「クラス」・「関数」・「変数」については以下のように意味を拡張して使用します。

- **クラス**：Kotlinの `class` の他、インターフェイス、構造体などの定義可能な「型」
- **関数**：Kotlinの `fun` の他、手続き、メソッド、サブルーチンなどの実行・評価が可能なコードのまとまり
- **変数**：Kotlinの `val`・`var` の他、仮引数、定数、プロパティなどの「値」を格納・参照するための領域

ただし、関数がクラスやインスタンスのメンバであるとき、そのことを強調するために、「関数」の代わりに「メソッド」という単語を使います。また、変数についても、特にインスタンスのメンバである場合は、「プロパティ」という単語を使います。このように、必要に応じて、より意味が限定された語句を使うことがあります。

他にも、本書では「仮引数」・「実引数」・「呼び出し元」・「呼び出し先」・「レシーバ」・「コールバック」という単語を頻繁に使うため、その説明を以下に示します。

- **仮引数と実引数**：`fun add(x: Int, y: Int): Int` において、x や y は仮引数。`add(1, v)` のように関数を呼び出す際、渡される 1 や v は実引数。
- **呼び出し元と呼び出し先**：`add(1, 2)` のように、関数呼び出しを行っているコードのことを呼び出し元 (caller) と言う。一方で、呼び出される関数を定義しているコードを呼び出し先 (callee) と言う。
- **レシーバ**：メソッドを呼び出す際の「対象」のこと。例えば `text.toInt()` における `text` がレシーバにあたる。
- **コールバック**：他の関数に引数として渡される関数の中でも、呼び出すため

に使われるもの。 `list.map { it.toString() }` において、ラムダ `{ it.toString() }` がコールバックで、`map` がそれを受け取る関数。

　また、解説のために用いるコードは、主にKotlinで書かれています。ただし、Kotlinに対する深い知識がなくても、クラスベースのオブジェクト指向の言語を使用した経験があれば、内容が理解できるように配慮しています。Kotlinの文法のうち、おおよそ以下の要素を覚えておけば、本書を読み進めることができます。

- 変数（`val` ・ `var`）・関数 `fun`
- クラス・インターフェイスとそのメソッド・プロパティ
- `if` ・ `for` ・ `when` などの制御構造
- オブジェクト（`object`）・コンパニオンオブジェクト（`companion object`）
- `null` 許容型
- 高階関数
- ラムダ
- スコープ関数

　巻末の付録として、これらの概要を説明しているサンプルコードを添付してあります。

　Kotlinには、他にも様々な言語機能（拡張関数、データクラス、コンピューテッドプロパティ、コルーチンなど）があります。しかし、本書ではKotlinを知らない場合でも理解を容易にするため、意図的にこれらの機能を使いません。もし、実際のプロダクトでKotlinを採用する場合は、それらの言語機能を適切に使うことでコードをより簡潔にできます。詳しくは、Kotlin Foundation公式のドキュメント（https://kotlinlang.org/docs/home.html）を参照してください。

　本書のコードでは重要な部分を強調するため、本質的でない部分については `...` という形でコードを省略します。当然ながら、このような表現はコードとしては不正である点に注意してください。また、同様に、非同期処理を行うべきコードや、エラー処理を行うべきコードなどについても、本質的でない部分についてはできる限り省略します。

謝辞

　本書は「Code readability」のプレゼンテーションをもとに作成されており、本書およびプレゼンテーションはLINE株式会社のサポートを受けて作成されました。

　また、本書を上梓するにあたっては、社内外を問わずたくさんの方にご尽力いただきました。この場を借りてお礼申し上げます。特に大きな力を貸してくださった方をご紹介します。

　書き始めのセットアップから文章のブラッシュアップまで、全般に渡るフォローをしてくださった小澤正幸さん。「本を書きたい」という私の何気ないつぶやきに小澤さんが反応してくださったことが、この本の始まりでした。

　この本が出版される技術評論社の編集室をご紹介くださったLINE株式会社Developer Success Teamの櫛井優介さん。窓口として社内外に積極的に働きかけをしていただきました。

　コードの修正や表現の提案など、多くのアドバイスをくださった高梨雄大さん。より正確な情報をお届けできる本に仕上げられたのは、高梨さんのアドバイスあってのことです。

　英語表現の相談・校正には、Christopher RogersさんとBruce Evansさんにご協力いただきました。気づきにくい細かな表現に至るまでご指摘いただき、安心して筆を進めることができました。

　考えを深めるための議論に付き合ってくださったmayahさん。有意義な時間をありがとうございました。

　そして、出版経験のない私に寄り添い、最後まで支えてくださった技術評論社の傳智之さん、平野怜さん。執筆の基本から丁寧にご指導いただきました。

　ここには書ききれませんが、今までコードに関する議論に付き合ってくださったすべての方へ。この本は、私一人の足跡をまとめたものではありません。みなさんとの議論なしには、この本を書き上げることはできませんでした。本当にありがとうございました。

目 次

第 **3** 章

コメント

第 **4** 章

状態

第 5 章

関数

第 6 章

依存関係

第 7 章

コードレビュー

第 1 章

可読性の高いコードを書くために

　ソフトウェア開発において高い生産性を維持するためには、コードの**可読性**（読みやすさ）に注意を払う必要があります。しかし、どういう理屈で可読性と生産性が関連するのかを理解していないと、形だけの改善になってしまい、ほとんど効果がないものになるでしょう。まずは、可読性が生産性に及ぼす影響を理解し、その上で可読性の高いコードの要件や注意点、活用しやすいプログラミング原則を確認してください。

1-1 ｜ 生産性への恩恵

　ソフトウェア開発を行うとき、私達はコードを「書く」ことに注意を向けがちです。しかし現実には、開発中の多くの時間を「読む」ことに費やしています。他の開発者が書いたコードを読むこともあれば、自分で書いたコードを確認することもあるでしょう。基本的には開発が進捗すればするほど、誰かがコードを読む必要が出てくるのです。コードを読む必要がある以上、可読性を向上させることが、生産性を改善する上で重要です。

1-1-1　開発の規模と生産性の関係

　開発の規模が大きくなる（開発期間の長期化・開発メンバーの追加・コードベースの肥大化）に従って、コードを読むためのコストも大きくなります。例えば、既存のコードの量が多い中で新たな開発者がチームに加わった場合、その人がコードベース全体を理解するまでの時間も長くなるでしょう。つまり、開発の規模が大きくなればなるほど、コードを理解するまでの時間を短縮するために、高い可読性が求められます。

　大規模なコードベースでバグが発生し、数行程度のコードの修正が必要になったことを想定してみましょう。コードの可読性が十分高ければ、その変更が与える影響範囲も簡単に確認でき、安全に修正ができます。しかし、可読性が低い状況では、影響範囲を確認するだけでも膨大な時間が必要になるでしょう。ひどい場合は確認漏れが発生して、バグ修正を行ったつもりが、さらに別のバグを生む事態にまで発展します。

　逆に、ほとんど読まれることのないコードであるならば、可読性はそれほど重要でなくなります。短期間で行う試験的な実装や、一度の実行後には捨てられるスクリプトなどがそれに当てはまります。可読性にコストをかけるべきかどうかは、作業の時間のうち「コードを読む・読んでもらう時間」と「コードを書く時間」のどちらが大きくなっているかを基準にするとよいでしょう。このとき、「コードを読む・読んでもらう時間」には、以下の作業時間も含まれます。

- 他の開発者にコードに関して説明をする
- コードを書いている最中に他のコードを参照する
- コードレビューを行う

　これらに使う時間も「コードを読む・読んでもらう時間」に含まれるため、想像しているより規模の小さなプロダクトであっても、可読性が重要になることがわかります。別の見方をすれば、「どの程度、コードを長期に渡って残しておきたいか」が、可読性のためにコストを掛けるべきかどうかに関わります。

　また、長期間におよぶソフトウェア開発では、コードベースに変更を加え続け、成長を止めない前提で動きます。今までのコードの積み重ねが土台となって、その上に新たな価値を生み出す必要があります。そう考えると、土台となるコード

ベースが安定し、理解しやすいことが、成長を続けるための鍵になっていると言えるでしょう。もし、その土台が理解しづらいものになってしまうと、新たな価値を生み出すのは非常に難しくなります。こうなると、時間や人員といったリソースを追加投入したところで、コストに見合った成果は得られません。このとき、ソフトウェア開発は「飽和状態」を迎えたと言えるでしょう。

　もちろん、ソフトウェア開発のプロダクトを無限に成長させ続けることは現実的ではありません。そういう意味で、飽和はソフトウェア開発の宿命と言えます。しかし、開発プロセスや組織構造の最適化、あるいは開発手法の工夫などによって、飽和するポイント、つまり成長の限界を引き上げることは可能です。その方法の1つが、可読性の高いコードを維持することなのです。

　現時点で納得のいくコードが書けたとしても、未来における開発のために、もう一度そのコードの可読性について考えてみてください。コードを書き上げた後でも、コメントを足したり、テストを書いたり、リファクタリングをするなど、継続した改善を試みましょう。わずかな時間をかけることで、そのコードと向き合う将来の開発者を救えるかもしれません。もちろん、その「将来の開発者」には将来の自分自身も含まれます。可読性が、持続可能な開発環境を作る一助となるのです。

1-1-2　可読性を高めるための環境と評価体制

　ここで、プロダクトの期間全体及びチーム全体の生産性と、個人の評価との関係について言及します。これまで述べてきたとおり、ソフトウェア開発の生産性を維持する上で、可読性は重要です。しかし現実には、それが重要視されず、開発の継続に支障をきたしているプロダクトも少なくありません。たとえ開発者個々人が、可読性の重要性を理解していて、かつ、可読性の高いコードに関する知識を持っていたとしてもです。各々がその重要性を理解しながら、全体としては可読性の高いコードを実現できない要因は、プロダクトを取り巻く環境にあるかもしれません。

　よくある話として、重要な機能を期間内に実装するために、可読性を犠牲にしてでも短時間の開発を強行することがあります。もし、その開発期間が事業戦略上の急所となるならば、将来のリファクタリングの見通しを立てた上で、その場しのぎのコードを書くこともあるでしょう。しかし、その機能の開発が無事に完

了した後も、次々と別の「重要な」機能開発を求められ、リファクタリングをする暇がない環境ではどうでしょうか。コードベースはいとも簡単に、取り返しのつかない状態になってしまいます。

　かといって、開発者たちがスケジュールを決める裁量を持っていれば、可読性の高い開発環境を維持できるとは限りません。開発者への評価方法が適切でないと、同じ状況は起こりえます。開発速度（実装した機能の数や規模）で開発者の評価が決まる環境では、チーム全体の生産性を向上させる動機づけができません。これは、ゲーム理論で有名な「囚人のジレンマ」と同じ構造だと言えます。

　この構造を、AliceとBobの2人の開発者によるチームで説明します。AliceとBobのそれぞれは、コードを書く際に、以下の2つから戦略を選択できるとします。

- **Readable**：時間をかけて読みやすいコードを書く
- **Hacky** 　：その場しのぎのコードを短時間で書く

　戦略と評価の関係について、機能の開発速度がそのまま個人の評価に反映されるケースを考えてみましょう。一例としては、**[表1-1]**のような関係が考えられます。

Alice Bob	Readable	Hacky
Readable	8 8	10 1
Hacky	1 10	2 2

表1-1　コードを書く戦略と開発者への評価の関係

　表中の数字は個々の開発者の開発速度を示し、それがそのまま開発者としての評価になります。チーム全体の開発速度は、各マス内の数字の合計で表されます。AliceとBobが共にReadableの戦略を選んだ場合、コードベースは開発しやすい状況が保たれ、それなりの開発速度を維持できるでしょう。一方で2人ともHackyの戦略を選ぶと、コードベースは難解になり、機能の開発が困難になりま

す。注意するべきなのは、一方（Alice）がReadableで、もう一方（Bob）がHacky
の戦略を選んだ場合です。Bobは可読性を気にせず、ただひたすらその場しのぎ
のコードで開発するので、高い開発速度を維持できます。しかし、このとき
AliceはBobの書いたコードを解読し、リファクタリングをし続けながら機能を
開発することになるので、開発速度は極端に下がります。そして、Aliceがリファ
クタリングしたコードの上で、Bobはその場しのぎのコードでさらに開発し続け
ることになります。

　このような環境で、それぞれの開発者が個人の評価を基準として合理的な選択
をすると、恐ろしいことが起こります。Bobがどちらの戦略を選んだとしても、
AliceはHackyな戦略を選んだ方が、Alice個人としての評価はよくなってしまう
のです。こうして、合理的な選択によって、全員がHackyな戦略を選んでしまう
結果になります。この例からもわかるように、開発者の評価方法が適切でないと、
プロダクト開発全体の生産性に意識を向ける動機がなくなってしまいます。

　そのような事態を避けるためには、開発した機能の数や規模のみで開発者の評
価をするべきではなく、「全体の生産性に与えた影響」を考慮する必要があります。
これは単純な話ではなく、その開発者がどのようなコードを書くか、コードベー
スの改善にどのぐらい協力的か、チームの技術レベル向上に貢献しているかな
ど、多岐にわたる事項を見て評価することが求められるでしょう。これを実現す
るためにも、チームの方向性と評価方法の決定・共有は大切です。どのような成
果が期待されているのかを、関わる全ての人に明示する必要があります。

1-2 ｜ 可読性の高いコードを書くための要件

　ここからは、具体的にどのような視点で、どのような取り組み方をすれば可読
性を高められるのかについて確認します。

1-2-1　可読性に関連する指標

　コードの可読性を高めるためには、1つの指標にこだわりすぎず、複数の観点
からコードの可読性を評価しましょう。例えば、コードの長さという指標は可読
性に関連しますが、それに固執してはなりません。巨大な関数が読みにくいのは
当然ですが、関数を細分化しすぎても、かえって全体像がつかみにくいコードに

なりえます。可読性を評価するためには、複数の抽象度にまたがる多角的な指標を使うべきです。ここでは特に、「単純」・「意図が明確」・「独立性が高い」・「構造化されている」の4つの指標を取り上げます。

●単純なコード

コードそのものが単純であると、その動作を理解しやすくなります。真偽値の演算を例として考えてみましょう。`isA && isB` と `!(!isA || !isB) && isB` はどちらも結果は同じですが、前者の方が「どういう条件で `true` になるか」が解りやすいです。

●意図が明確なコード

コードの可読性を高めるためには、そのコードの動作だけではなく、抽象的な意味や書かれた理由もわかりやすくあるべきです。例えば、`flag` という変数名を見たとき、多くの人は「これは何かの状態を示す真偽値」か「何かの動作を変えるためのビット列」と予想するでしょう。ただし、それ以上の情報はこの `flag` という名前から読み取ることはできません。一方で、`isVisible` という変数名であるならば、「何か表示可能なものがあって、値が `true` の場合にそれが表示される」ということまで予測できます。

●独立性の高いコード

コードの規模が大きくなるにつれて、すべてのコードを詳細に理解することは難しくなります。その場合、関数やクラス、モジュールといったコードのまとまりごとに、役割や動作を高い抽象度で把握する必要があります。そのために重要なのは、「1. それぞれのまとまりの責任範囲を明確にすること」と、「2. 他のまとまりとの依存関係を限定すること」の2つです。

1. コードのまとまりの責任範囲を明確にすることで、関連性の薄い機能がそのまとまりに混入することを防げます。その結果、詳細を読まずとも、どのような動作をするかが大まかに把握できるコードになります。
2. 他のまとまりとの依存関係を限定させると、「コードを理解するために別のコードを読まなくてはならない」という事態を減らせます。特に、2つ

のまとまりが互いに依存する状況は避けるべきでしょう。もし A と B の 2 つのクラスが互いに依存していると、「A を理解するために B を理解する必要があるが、B を理解するために A の理解が必要」という堂々巡りになる危険性があります。

●**構造化されたコード**

可読性を向上させる上では、インデントや改行のフォーマットといったコードの見た目の統一性も重要です。ただし、見た目が整っていればよいというわけではなく、関数・クラス・モジュールの構造にも注意する必要があります。ある関数が数百行のコードを含んでいる場合、その関数の動作を短時間で理解することは難しいでしょう。その関数をいくつかの補助的な関数に分解することで、関数内のコードを構造化することができ、動作の理解を容易にすることができます。同様に、クラス間の依存関係や抽象化レイヤの構成など、複数の観点に基づいてコードを構造化すると、より可読性の高いコードにすることができます。

1-2-2 可読性を高める取り組み方

可読性を単一の指標で定義できないのと同様に、可読性の高いコードを書くために注意するべき点も多岐にわたります。ここでは、特に筆者が気をつけている点を紹介します。

●**知識や技術の選択**

コードや設計の品質を向上させる有効な手段として、一般に広く知られているアーキテクチャやプログラミングテクニックを採用することが挙げられます。それらを採用するときに重要なことは、「採用する目的」と「採用に適した条件」の 2 つを明確にすることです。手段と目的を取り違え、無条件に採用してしまうと、かえってコードや設計の品質を落としかねません。

また、プログラミングパラダイムや環境は時代とともに変化するため、それに応じて有効なアーキテクチャやテクニックも形を変えていきます。以前は有効なアーキテクチャであったとしても、新しいパラダイムのもとではコードの品質を落とす原因になるかもしれません。何のためにそのアーキテクチャを使っているのかという「目的」や、どういう環境でそれが有効に機能するかという「条件」を

しっかり理解していれば、そのアーキテクチャが新しい時代でも通用するかを判断できるでしょう。

　なお、本書で取り上げているテクニックは、広い範囲かつ長い期間で適用できそうなものを選んでいます。しかし、それらがすべての分野で適用できるわけではありませんし、やがて陳腐化するかもしれません。そこで本書では、各テクニックについて「何がどういう理由で改善するのか」と「どういう例外があるか」についてできるだけ詳しく説明しています。本書の内容を手当たりしだいに適用せず、状況に応じて取捨選択してください。

● **価値と複雑さのバランス**

　新しい機能を実装するときは、その機能によってもたらされる価値（ユーザエクスペリエンスの向上や収益への貢献など）と、実装によって増えるコードベースの複雑性とを、慎重に見比べる必要あります。一般には、機能が増えるにつれコードベースの複雑性は増加していき、その複雑性の増加に伴って可読性は低下していきます。そのような事態を緩和するためにも、いたずらに複雑性を増やすだけで価値の小さい機能の実装は拒否されるべきです。また、同じ価値をより単純な方法で提供できるなら、それに越したことはありません。典型例としては、「既存の機能と仕様を合わせる」であるとか、「プラットフォームで提供されている標準的な機能を活用する」といったことが挙げられます。このように、価値をあまり変えない範囲で仕様を変更し、実装に必要なコードの量を減らすことは重要なテクニックです。

　開発者はコードベースの複雑さの現状をよく知っているはずなので、仕様策定の議論の場でも、複雑性の観点から積極的に提案を行うべきでしょう。場合によっては、プロダクトに対して「複雑性の予算枠」のようなものを決めておき、新しい機能の実装の要求に対して、代わりに削除する機能を提示する方法もあります。

● **自動的な検証の活用**

　コードの正確性を開発者自身が確認するよりも、コンパイラや静的解析ツールによる検証を活用する方が、可読性の高いコードを書きやすくなり、バグも埋め込みにくくなります。例えば、不正なデータをフィルタするコードを書くと、そ

のフィルタ自体によってコードが煩雑になりやすく、フィルタの条件の考慮漏れによるバグを起こしかねません。不正なデータをフィルタするよりも、そもそも不正なデータを作れないようにするべきでしょう。

これをもう少し具体的に考えるために、クエリを行う関数 queryPage にクエリパラメータを渡すことを想定します。クエリパラメータとして、[コード1-1]のように文字列のマップを使うと、何の情報を引数として渡すべきかがわからず、必須のパラメータを渡し忘れるというバグの原因にもなります。また、queryPage 内のエラー処理のコードも煩雑になるでしょう。

コード1-1 **✕ BAD** 期待されるクエリパラメータが分からない関数

```
fun queryPage(parameters: Map<String, String>)
```

一方で[コード1-2]では、クエリパラメータを関数の仮引数として明示しており、「ページのインデックス」pageIndex と「昇順 / 降順の指定」isAscendingOrder の2つのパラメータが必須であることが理解しやすくなっています。もし pageIndex の指定を忘れたとしても、関数の呼び出し元でコンパイルエラーが起きるため、間違いに気づくことも容易です。さらに、query 関数内に余計なエラー処理を書く必要もないため、関数そのものの可読性も向上します[*1]。

コード1-2 **◯ GOOD** 期待されるクエリパラメータが明確な関数

```
fun queryPage(val pageIndex: Int, val isAscendingOrder: Boolean)
```

このような、ツールに検証を任せるという考え方は、静的型付けでない言語であっても有効ですし、そもそも型に限った話でもありません。間違った使い方をされた場合のエラー処理を考えるよりも、そもそも間違った使い方ができないような設計が行えるように、検証の環境を構築するべきでしょう。

---

*1 pageIndex と isAscendingOrder の組み合わせが queryPage の呼び出し以外の目的でも使われる場合は、それら2つの値をプロパティとしてまとめ、class PageQueryParameters(...) のようにクラスとして定義してもよいでしょう。

●議論の頻度

　設計や実装方針について、よりよい結論に早くたどり着くためには、一人で長時間考え込むよりも他の開発者と議論する方が建設的です。実装の前にあらかじめ議論しておくことで、設計上の根本的な問題を発見したときの手戻りも小さくなり、結果的に生産性をより高めることができます。そのためにも、すぐに誰かに相談できる雰囲気を作ることが大切です。また、ペアプログラミングやモブプログラミングなどの、相談しながら実装を進める手法も試す価値があります。

　また、情報共有や教育を行えることも、議論の重要な利点の1つに挙げられます。個々人が持つ知識や技術は異なりますが、それらは会話を通じて他の人と共有することができます。議論によってコードベースの改善だけではなく、チームメンバーの技術レベルの向上が期待できるのです。

　ただし、本来議論するべきなのは、設計やコードに関する本質的な部分です。つまり、「どのクラスがこの機能の責任を持つべきか」や「ここでは拡張性と頑健性のどちらを優先するべきか」といった議論が重要で、「インデントはスペース何個分にするべきか」や「if と条件節の間にスペースを入れるべきか」といった議論を延々としたいわけではありません。議論が表面的になっている、つまりbike-sheddingになっていると感じたら、一旦その問題は棚に上げて、コーディング規約などのルールを定めるとよいでしょう。表面的なトピックに対する議論の余地をなくすことで、本質的な問題に集中することができます。

1-3 ｜ 代表的なプログラミング原則

　ソフトウェア開発の世界には、可読性を高めるために提唱された一般原則が数多く存在します。しかし、有用なはずの一般原則も無分別に適用させると、かえって可読性の低下を招きかねません。今目の前にあるコードにどの一般原則を適用するかについては、注意深く考える必要があります。まさしくケースバイケースなのですが、多数あるプログラミング原則を理解し、毎回適切に使用することは簡単ではありません。そこで本章では、過剰に適用したとしても比較的悪影響が出にくい5つのプログラミング原則をピックアップして紹介します。

1. **ボーイスカウトルール**
2. **YAGNI**
3. **KISS**
4. **単一責任の原則**
5. **早計な最適化は諸悪の根源**

1-3-1　ボーイスカウトルール

Try to leave this world a little better than you found it...
—— Robert Baden-Powell

　コードの変更が必要になった際には、周囲も一緒に見渡して、ちょっとした改善を施しましょう。このルールは、ボーイスカウト運動の創始者Robert Baden-Powellの考えをソフトウェア開発に適用したもので、Robert C. Martin氏が提唱しました。Martin氏の解説によると、ボーイスカウトには「キャンプ場を利用した後は、利用する前よりもクリーンにしてから去る」というルールがあるそうです。ソフトウェア開発においても同様に、コードに変更を加える際には、変更前よりもコードベースをよい状態にするように心がけるべきです。そうして作業のついでにわずかな改良を施し続けることが、コードの可読性や、作業環境の持続性が高まります。

　ボーイスカウトルールで適用できる改善は、表面的な変更から構造の変更が必要なものまで、様々な種類があります。以下に代表的なものを示します。

- **追加**：不足しているコメントやテストを追加する
- **削除**：不必要な依存関係・メンバ・条件式を削除する
- **名前の変更**：クラス・関数・変数などの名前を適切なものに変える
- **分割**：大きすぎるクラスや関数・深すぎるネスト・呼び出しの連鎖を分割する
- **構造化**：依存関係・抽象化レイヤ・継承の階層構造を適切にする

　これとは逆に、問題のあるコードを放置すると、後の変更によって状況が悪化することがあります。その典型的な例が、巨大な構造（クラス・関数・条件分岐・

階層など）を放置した結果、そこに新たな要素が足され、構造がさらに肥大化することです。あるクラスが100個ものメソッドを持っていると、「1個くらいメソッドを増やしても大して変わらない」という感覚で、躊躇なく新たなメソッドを足してしまうでしょう。さらに、クラスに多数のメソッドが含まれていると、むしろ「何らかの理由でそのような構造にしている」と感じ、単純にメソッドを足すことこそが正しいと感じてしまうかもしれません。しかし当然ながら、要素数の多い構造を理解するのは困難です。それだけでなく、要素数が増えれば増えるほど、後でリファクタリングするときのコストも大きくなります。

　不明確・複雑・非構造的なコードに変更を加えたい場合、その変更を行う前にリファクタリングをして、コードを明確・単純・構造的にするべきです。例として、列挙型 ViewType に新しい列挙子 Z を追加する場合を想定します（[コード1-3]）。このコードでは、すでに巨大な when の分岐があり、各分岐では共通して view1.isVisible と view2.text を更新します。

コード1-3　❌ BAD　巨大な分岐を持つ関数

```
enum class ViewType { A, B, ..., Y }

fun updateViewProperties(viewType: ViewType) =
    when (viewType) {
        ViewType.A -> {
            view1.isVisible = true
            view2.text = "Case A"
        }
        ViewType.B -> {
            view1.isVisible = false
            view2.text = "Case B"
        }
        ...
        ViewType.Y -> {
            view1.isVisible = true
            view2.text = "Case Y"
        }
    }
```

　このとき避けるべきことは、列挙子 Z とそれに対応する条件分岐を単純に追

加することです。列挙子 Z を足す前に、条件分岐の構造をリファクタリングしてみましょう。[コード1-3]の各条件分岐で異なる要素は、代入する値だけであるため、その値を列挙子のプロパティとして抽出するのがよいでしょう。まずは ViewType を変更して、view1.isVisible と view2.text に対応する値をプロパティとして保持します（[コード1-4]）。

コード1-4 **◎GOOD** 列挙子のプロパティとして抽出した結果

```
enum class ViewType(val isView1Visible: Boolean, val view2Text: String) {
    A(true, "Case A"),
    B(false, "Case B"),
    ...
    Y(true, "Case Y")
}
```

このプロパティを利用することで、updateViewProperties 内の分岐を削除することができます（[コード1-5]）。

コード1-5 **◎GOOD** リファクタリング後の呼び出し元の関数

```
fun updateViewProperties(viewType: ViewType) {
    view1.isVisible = viewType.isView1Visible
    view2.text = viewType.view2Text
}
```

このようにリファクタリングをしてから、列挙子 Z を追加するようにしましょう（[コード1-6]）。この Z を追加する際は updateViewProperties に対する変更は発生しないため、updateViewProperties のロジックには影響がないことが保証できます[*2]。

---

*2 　ただし、列挙型 ViewType がプロダクト内で広く使われている状況では、特定の機能・モジュールのプロパティを ViewType に持たせない方がよいでしょう。その場合は、ViewType を目的の値に変換する関数・マップ・列挙型を別途作ることも選択肢に入ります。詳しくは 5-2-3「操作対象による分割」で議論します。

コード1-6　**⭕GOOD** リファクタリング後の列挙子の追加

```
enum class ViewType(val isView1Visible: Boolean, val view2Text: String) {
    A(true, "Case A"),
    B(false, "Case B"),
    ...
    Y(true, "Case Y"),
    Z(false, "Case Z")
}
```

1-3-2　YAGNI

You ain't gonna need it

　YAGNIは「そんなの必要にならないよ」という英文の頭字語で、エクストリーム・プログラミング（XP）の原則の1つです。未確定な将来のために先回りをして、現在必要でない機能を実装しても、結局ほとんどは使われないことを意味しています。将来のためのコードによって実装が複雑になると、結果として機能の拡張が難しくなりがちです。機能の実装は、その機能が必要になったときに行うべきです。

　YAGNIに違反しているコードの典型例として、使われていないコードや過度に拡張されたコードが挙げられます。

使われていないコードの例

- 参照されていない変数
- 呼び出されない関数
- コメントアウトされたコード

過度に拡張されたコードの例

- ただ1つの定数しか渡されない仮引数
- 呼び出し元が1つだけのグローバルなパブリックユーティリティ関数
- 子クラスが1つだけの抽象クラス[*3]

[*3] ただし、明確な理由があるならば、そのような抽象クラスを作っても問題ありません。例えば、APIと実装でモジュールの分割が必要なケース、依存性注入を行うケース、テストオブジェクトを作るケースなどが当てはまります。

将来のために書かれたコードが新たな機能の実装を難しくする例を、**[コード1-7]**の Coordinate というモデルクラスを使って説明します。この Coordinate クラスは、ビューの表示位置などのUIに関する座標を、ピクセル単位で表現するためのクラスです。

コード1-7 座標を示すモデルクラス Coordinate

```
class Coordinate(val x: Int, val y: Int)
```

ここで「便利かもしれないから」という理由で、ピクセルだけでなくポイント（1/72インチ）でも座標を指定できるように拡張してみます（**[コード1-8]**）。単位は UnitType によって指定されるため、ミリメートルなどの新しい単位を追加したい場合にも、列挙子を追加するだけで十分です。この Coordinate は、一見するとまるで拡張性が高いかのように感じられます。

コード1-8 **✕ BAD** Coordinate の過度な一般化

```
enum class UnitType { PIXEL, POINT }
class Coordinate(val x: Int, val y: Int, val unitType: UnitType)
```

このあと、ポイントによる座標指定は結局使われず、代わりに Coordinate を使った加減算が必要になったと仮定します。座標の加減算は、描画範囲の計算やUI要素のサイズ、要素間の余白の計算にも用いられるため、そのような仮定は妥当と言えるでしょう。UnitType がある中で加算 plus を定義すると、**[コード1-9]**のように複雑な関数になります。2つの Coordinate インスタンスで UnitType が異なるならば、加算をする前に単位の変換が必要になるため、補助的な関数 convertType を定義しなくてはなりません。さらに、ピクセルとポイントの比率は解像度によっても変わるため、convertType 内で、表示デバイスの環境や設定値を取得する必要もあります。また、演算結果をピクセルとポイントのどちらで返すかも指定する必要があるため、plus の引数も複雑になります。

```kotlin
class Coordinate(val x: Int, val y: Int, val unitType: UnitType) {
    fun plus(
        that: Coordinate,
        environment: DisplayEnvironment,
        resultUnitType: UnitType
    ): Coordinate {
        val newX = convertType(x, unitType, resultUnitType, environment) +
            convertType(that.x, that.unitType, resultUnitType, environment)
        val newY = convertType(y, unitType, resultUnitType, environment) +
            convertType(that.y, that.unitType, resultUnitType, environment)
        return Coordinate(newX, newY, resultUnitType)
    }

    private fun convertType(
        value: Int,
        from: UnitType,
        to: UnitType,
        environment: DisplayEnvironment
    ): Int {
        if (from == to) {
            return value
        }
        return when (to) {
            UnitType.PIXEL ->
                value * environment.pixelsPerInch / POINTS_PER_INCH
            UnitType.POINT ->
                value * POINTS_PER_INCH / environment.pixelPerInch
        }
    }

    companion object {
        private const val POINTS_PER_INCH = 72
    }
}
```

　一方で、もし UnitType が存在しないなら、加算は [コード1-10] のように単純な関数で実装できます。[コード1-9] と [コード1-10] を見比べると、既存の機能が別の機能の実装の妨げになりうることが分かります。

コード1-10 **◎GOOD** UnitType を持たない場合の Coordinate とその加算の関数

```
class Coordinate(val x: Int, val y: Int) {
    operator fun plus(that: Coordinate): Coordinate =
        Coordinate(x + that.x, y + that.y)
}
```

UnitType の追加を「実際にポイントが必要になるとき」まで待っておけば、[コード1-9]のような実装は避けられたかもしれません。ピクセルとポイントの両方が必要になるときは、相互に単位を変換するユーティリティ関数が同時に必要になることも多いでしょう。その場合は、Coordinate のプロパティとして UnitType を持たせる設計の代わりに、Coordinate はあくまでもピクセルを表現するモデルとしておき、単位変換のための関数を別途定義するという設計を思いついたかもしれません。他に、Coordinate をジェネリクスとし、UnitType をタイプパラメータとする方法でもよかったでしょう。しかし、「ポイントが必要になるかもしれない」という想像だけで実装をすると、実際の使い方を考慮しきれないがために、他の設計案との比較がされないまま複雑な実装をしかねません。適切な設計はそのコードがどう使われるかにも依存するため、YAGNIに違反すると「その時はよさそうだと思ったが、結果論としては間違った設計だった」という状況も招いてしまうでしょう。

　YAGNIは将来の機能拡張を簡単にする上で重要な概念ですが、注意するべき点もあります。まず「必要になったときのみ機能を実装する」ためには、その時点でコードを変更できることが前提になります。しかし、プロダクトによっては、後でコードを更新することが困難な場合もあります。オフラインかつスタンドアローンなデバイスで動くソフトウェアや、ユーザによるアップデートが期待できないアプリケーションソフトウェアが該当するでしょう。また、サードパーティに公開するライブラリやAPIを作る場合も、古いインターフェイスを捨てることが難しくなるかもしれません。他にはデータスキーマなども、種類によってはアップデートやマイグレーションが困難になります。このような場合は、将来どのような機能が必要になりそうかを考えて設計するか、バージョン管理・アップデートが可能な仕組みを取り入れる必要があります。

第
1
章

可読性の高いコードを書くために

また、YAGNIはあくまでも「現在使っていない機能の実装」を対象としている点にも注意してください。機能が必要かどうかの議論・検証そのものや、必要な機能の設計・実装方法については触れていません。YAGNIを大義名分として、必要なプロセスまで省略しないように気をつけるべきです。

1-3-3 KISS

Keep it simple stupid[4]

コードは、常に単純であるべきです。KISSとは、ロッキード社の技術者であったKelly Johnson氏が唱えた「愚鈍なぐらいシンプルにしておけ」という意味の言葉です。単純であればあるほど、将来の新機能実装が楽になります。コードを単純に保つためには、YAGNIが主張する「不要な機能は実装しない」に加え、単純化のために仕様を変更することや、同じ機能を実装する際に素朴な手法を採用するといったことも要求されます。

絶対に避けるべきなのは、自己満足のためにコードを複雑にすることです。例えば、ライブラリやフレームワーク、デザインパターンなどを「使用したいがために使用する」というような、手段が目的化するような事態は避けるべきです。また、すでに導入しているフレームワークや標準ライブラリで提供されている機能を、独自に再実装することもコードを複雑にします。余計なものを追加しないことこそが、単純であることへの最短のアプローチです。

これを、ReactiveXのJava向けのライブラリ、RxJavaを使った場合で説明します。[コード1-11]の `getActualDataSingle` は、`dataProvider::provide` を `ioScheduler` のスレッドで呼び出す関数です[5]。

コード1-11 RxJavaの使用例

```
fun getActualDataSingle(): Single<List<Int>> = Single
    .fromCallable(dataProvider::provide)
    .subscribeOn(ioScheduler)
```

---

[4] 一般には、"stupid"の前にカンマを入れた"Keep it simple, stupid"の方が有名です。しかし、一部の文献では、カンマを入れない"Keep it simple stupid"がオリジナルの表現であるとしています。

[5] `Single` はReactiveXにおけるフューチャーオブジェクトのようなものです。

ここで、`getActualDataSingle` を使うコードのテストを容易にするために、テスト用の値を返す `getStubDataSingle` を実装してみましょう。[**コード 1-12**]ではテスト用の値として 1, 10, 100 というリストの `Single` を返しています。このテスト用のコードは十分に単純であるため、テストデータの値の確認も簡単です。

コード 1-12 🔘**GOOD** テスト用の値を返す関数（単純な実装）

```
fun getStubDataSingle(): Single<List<Int>> =
    Single.just(listOf(1, 10, 100))
```

[**コード1-11**]は `fromCallable` と `subscribeOn` で実装されている一方で、[**コード1-12**]は `just` を使っています。ここでもし、見かけ上の一貫性に固執してしまうと、テスト用の実装は[**コード1-13**]のようになるでしょう。

コード 1-13 ❌**BAD** テスト用の値を返す関数（見かけ上の一貫性を重視）

```
fun getStubDataSingle(): Single<List<Int>> = Single
    .fromCallable { listOf(1, 10, 100) }
    .subscribeOn(ioScheduler)
```

[**コード1-13**]で使っているメソッドは、実際の実装と同じになっています。しかし一方で、「[**コード1-13**]を用いたテストで何を検証するべきか」が曖昧になるという、新たな問題が発生しています。単に `subscribeOn` が追加されただけならば、`getStubDataSingle` そのものはまだ十分単純に見えます。ところが、テストコードで検証するべき内容が「値そのもの」なのか、それとも「スケジューラとして `ioScheduler` が使われても問題ないこと」なのかが理解しにくくなっています。実際の実装で `ioScheduler` が使われるという事実は、`getActualDataSingle` に隠蔽されるべきです。したがって、スケジューラのテストは呼び出し元ではなく、呼び出し先の `getActualDataSingle` のテストで行われるべきでしょう。つまり、`getStubDataSingle` で `ioScheduler` を指定する必要はないはずです。しかしながら、[**コード1-13**]のように書いてしまうと、テストの責任範囲が曖昧になってしまいます。

さらに極端な例として、RxJavaを過剰に適用した場合に何が起きるかを説明します。[コード1-13]では、RxJavaは値の生成に使うスレッドを指定するために使われていました。しかし、RxJavaはスレッドの切り替えだけでなく、ストリーム、イベント処理、エラー処理といった様々な目的のために使用可能です。そこで[コード1-14]では、1, 10, 100 のリストを作るためにもRxJavaを使っています。その結果、テスト用の値で何を検証したいのかが、より一層分かりにくいコードになっています。

コード1-14　**✕ BAD** テスト用の値を返す関数（ライブラリを過剰に適用）

```
fun getStubDataSingle(): Single<List<Int>> = Observable
    .range(1, 2)
    .reduce(listOf(1)) { list, _ -> list + list.last() * 10 }
    .subscribeOn(ioScheduler)
```

[コード1-14]のように単一のライブラリで様々なことを行うコードは、見方によっては「美しい」かもしれません。少ないルールでモデルを構築したり、一貫性のあるライブラリやフレームワークで全ての要素を表現することが、テクニカルで優雅だと感じる人も少なくないでしょう。しかし、コードを書いた本人が優雅なコードと感じても、必ずしも他の人にとって読みやすいわけではありません。**美しい・優雅なコードは、可読性が高いとは限らない**と言えます。自分が書いて気持ちのよいコードであるかよりも、他の人にとって読みやすいコードであるかに注目しましょう。

1-3-4　単一責任の原則

A class should have only one reason to change.
—— *Robert C. Martin*

1つのクラスに負わせる責任・責務は1つだけにするべきです。この単一責任の原則も、ボーイスカウトルールと同じく、Robert C. Martin氏が提唱しました。SOLIDと呼ばれるオブジェクト指向のための原則の中の1つで、定義を訳すと「あるクラスが変更される理由は、ちょうど1つであるべき」となります。

「クラスの責任・責務は1つだけ」と言うと、「クラスが持つメソッドが少なければ少ないほどよい」という意味にも捉えられかねませんが、実際には異なります。たとえパブリックなメソッドが1つだけだったとしても、クラスの責務は大きくなりえます。最たる例としては、[コード1-15]のように、1つのパブリックメソッドで何でも行ってしまう状況が挙げられます。このコードから、クラス内のメソッド数やコードの行数は、必ずしも責務の大きさと一致するとは限らないということが分かります。そのような表面的な数字は、責務の大きさを測る上で参考程度にしておくべきでしょう。

コード1-15 **✕ BAD** 何でも行うメソッドを持つクラス

```kotlin
class Alviss {
    // テキスト表示、デバイスの破壊、ロケットの打ち上げ、その他諸々を行うかもしれない
    fun doEverything(state: UniverseState) { ... }
}
```

　既存のクラスの持つ責務が大きい場合は、複数のクラスに分けることで、個々のクラスの責務を小さくすることができます。これを、図書館の書籍貸し出し状態を管理するクラス（[コード1-16]）を使って説明します。

コード1-16 **✕ BAD** 書籍貸し出し状態を管理するクラス（1つのクラスにまとめた場合）

```kotlin
class LibraryBookRentalData(
    // 書籍情報. IDとタイトルのリスト
    val bookIds: MutableList<BookId>,
    val bookNames: MutableList<String>,

    // 書籍貸出情報. 利用者の名前と返却期限のマップ
    val bookIdToRenterNameMap: MutableMap<BookId, String>,
    val bookIdToDueDateMap: MutableMap<BookId, Date>
) {
    fun findRenterName(bookName: String): String?
    fun findDueDate(bookName: String): Date?
}
```

このクラスは、返却期限や利用者といった貸出中を示す情報の他にも、蔵書のリストや全利用者のリストまでをも内包しています。このように、1つのクラスが多数の情報を管理する状況では、仕様の変更が必要になった場合に、影響範囲の確認が煩雑になります。例えば、所蔵している書籍の情報に、著者名を追加することを想定しましょう。本来、著者名を追加することは、現在書籍を借りている利用者や、返却期限には何ら関係がありません。しかし、同じクラス内でデータを管理していると、そのデータ追加によって利用者や返却期限が影響を受けないかの確認が必要になります。そういった事態を避けるためにも、1つのクラスの責任・関心の範囲は1つに絞るべきです。この場合は、[コード1-17]のように分割することができます。

コード1-17 **○GOOD** 書籍貸し出し状態を管理するクラス（適切にクラスを分割した場合）

```
class BookModel(val id: BookId, val name: String, ...)
class UserModel(val name: String, ...)

class CirculationRecord(
    val onLoanBookEntries: MutableMap<BookModel, Entry>
) {
    class Entry(val renter: UserModel, val dueDate: Date)
    ...
}
```

書籍の情報を `BookModel` に、利用者のデータを `UserModel` に分割したことにより、貸し出しを管理する `CirculationRecord` の責務が小さくなりました。蔵書の一覧や全利用者のリストは、`CirculationRecord` の外部に作ることができます。このように、実体ごとにモデルを分割するほか、ロジックを階層やコンポーネントに切り出したり、ユーティリティーメソッドを別クラスに分けることなどが、責務を小さくする上で注意すべきポイントとなります。

該当のクラスが今、どれぐらいの責務を抱えているかを確かめるためには、そのクラスが何をしているかを洗い出して、要約を書いてみましょう。もし、要約が書きにくかったり、要約と言えるほど整理しきれなければ、そのクラスを分割するべきです。

1-3-5　早計な最適化は諸悪の根源

We should forget about small efficiencies, say about 97% of the time :
premature optimization is the root of all evil.
—— *Donald Knuth*[6]

　計算時間の短縮や使用メモリの削減といった最適化は、軽率に行うべきではありません。提唱者のDonald Knuth氏は、実に97％もの最適化は無駄だと戒めています。十分な効果を見込めないまま行われる最適化は役に立たないどころか、コードを複雑にし、可読性を下げるだけの結果になることもあります。効果の薄い最適化は、オーバーヘッドコストによる性能の低下を招きかねず、コンパイラやオプティマイザによる最適化を阻害することもあるでしょう。場合によっては、最適化はコンパイラやオプティマイザに任せておいた方が高い効果を得られることもあります。

　コードを複雑にする最適化の例としては、以下のようなものが挙げられます。

- 可変オブジェクトの再利用・使い回し
- インスタンスプール
- 遅延初期化
- キャッシュ
- コードの重複を伴うインライン展開

　一方で、コードを複雑にしない最適化は許容されます。標準ライブラリや使用しているプラットフォームが提供している最適化ならば、利用してもそれほど問題にはならないでしょう。例えば、Javaの `Integer#valueOf` は、キャッシュされたインスタンスを返すことがあります。しかし、`Integer` を使う側のコードがそれを意識する必要はほとんどありませんし、コードが複雑になることもまれでしょう。

---

*6　Knuth, D. E. (1974). Structured Programming with go to Statements. ACM Computer Surveys, 6(4), 261-301.

さらに、最適化によってコードが簡潔になるのであれば、進んでその最適化を行うべきです。可読性を上げる最適化の好例を示します。[コード1-18] では、Entry の集合を保持する方法として、リストとマップで比較しています。それぞれについて、expectedKey に対応付けられた Entry インスタンスの取得を行っていますが、マップの方がより簡潔になっています。マップの実装によりますが、要素の検索に必要な計算時間も基本的にはマップの方が優れています。このような場合は、リストで書かれたコードをマップに書き換えることが好ましい場合も多いでしょう*7。

コード1-18　リストとマップの比較

```
val expectedKey: Key = ...

// リストによる "Entry" の集合の保持
val list: List<Entry> = ...
val entry: Entry? = list.firstOrNull { entry -> entry.key == expectedKey }

// マップによる "Entry" の集合の保持
val map: Map<Key, Entry> = ...
val entry: Entry? = map[expectedKey]
```

ここまで、コードを複雑にする最適化は避けるべきと主張してきましたが、現実には、そのような最適化が必要なケースも存在します。Donald Knuth 氏も、97%の「諸悪の根源」について述べた直後に、「3%の重要なケースを見逃してはいけない」*8 と記しています。ただし、コードを複雑にする最適化を行う場合は、最適化の対象や改善の見込みを明確にしましょう。最適化を行う前に、その対象は計算時間なのか、メモリ使用量なのか、データの転送量なのか、それとも他のリソースなのかを定めます。次に、既存のコードでどの程度の性能が出せているかを実測して、最適化の必要性を可視化しましょう。最適化を試みた後も同様に実測し、改善された性能とコードの複雑さのバランスを確認する必要があります。また、最適化の対象となる機能が使われる頻度も確認しましょう。たとえ性

＊7　この場合では、メモリの使用量や、キーが重複している場合の動作、順序を保持できるかに差異があります。書き換える際には、それらの点について問題がないかを確認してください。

＊8　"Yet we should not pass up our opportunities in that critical 3%."

能の改善幅が大きかったとしても、その機能があまり使用されないのであれば、最適化の意義は薄いかもしれません。

1-4 まとめ

　本章では、可読性が生産性にもたらす恩恵と、実際に可読性を高める方法や要件について確認しました。開発においては、実は「読む」作業に割くコストが大きく、可読性を高めることはプロダクトの成長限界を引き上げることにつながります。その実現には、個人の評価を含む環境にも注意が必要です。また、可読性の高いコードとは何か、可読性を高める足がかりとなるアイディアに触れました。そして、有用なプログラミング原則として以下の5つを紹介しました。

- **ボーイスカウトルール**：コードを変更するときは、既存のコードに改善を加える。
- **YAGNI**：機能は、必要になったときにはじめて実装する。
- **KISS**：実装を単純に保つ。
- **単一責任の原則**：クラスの責務を明確にし、小さく保つ。
- **早計な最適化は諸悪の根源**：コードを複雑にする最適化を避ける。必要なら性能を実測する。

　これらの原則を含め、プログラミング原則は適用が妥当なケースとそうでないケースがあります。プログラミング原則を適用すること自体を目的とせず、それによって何を改善したいのかを意識できるとよいでしょう。

第 2 章

命名

　コードを書く上では、名前やコメントといった形で、自然言語を取り扱うことが求められます。この自然言語の取り扱いも、コードの可読性に影響を与えます。この章では特に、どのような名前をつければ可読性を高められるのかについて、具体例を交えながら解説します。ただし、この章で解説する内容はあくまでも一般論です。プログラミング言語・プラットフォーム・プロダクトでコーディング規約があるならば、そちらを優先してください。なお、本章では主に英語を用いることを前提としていますが、他の自然言語を命名に使う場合でも、同様の議論を適用できます。

　何が命名の対象になるかについては、プログラミング言語によっても変わりますが、おおよそ以下のものがあるでしょう。

- **クラス**（インターフェイス、列挙型、構造体、プロトコル、トレイトなどを含む）
- **変数**（定数、プロパティ、フィールド、仮引数、ローカル変数などを含む）
- **関数**（メソッド、手続き、サブルーチンなどを含む）
- **スコープ**（パッケージ、モジュール、名前空間などを含む）
- **リソース**（ファイル、ディレクトリ、IDなどを含む）

コードの可読性を向上させるためには、これらにつける名前が**正確**かつ**説明的**であるべきです。

- **正確**：正確であると言えるのは、名前の示す意味とその実態が一致している場合です。`isVisible` という変数名は、この値が `true` のときに、何か視覚的なものが表示されていることを意味します。もし、この変数名が音声に使われたり、`false` のときに見えるという状況の場合、名前と実態が一致しておらず、不正確な名前であると言えるでしょう。
- **説明的**：説明的であると言えるのは、名前を見ただけで、それが何であるかが理解できる場合です。例えば、`w` や `h` という変数名よりも `width` や `height` という変数名の方が、その名前の示す内容が理解しやすいため、より説明的であると言えます。また、`image` という名前は、画像のビットマップデータを意味するのか、画像の存在するURLを意味するのか、それとも画像を表示するためのビューを意味するのかが曖昧です。その場合、それぞれ `imageBitmap` や `imageUrl`、`imageView` とした方がより説明的です。

　正確で説明的な名前をつける方法として、本章では**文法・名前の示す内容・単語の選択**の3つに分けて説明し、そのあとにコーディング規約との兼ね合いについて説明します。

2-1 ｜ 命名に使う文法

　英単語を用いて命名する場合、英文法に近い形で語順や語形を決めるとよいでしょう。英文法を無視して単に単語を羅列してしまうと、名前の解釈が難しくなりえます。そのような名前は単に読みにくいというだけではなく、誤解を招き、結果的にバグの原因になりかねません。

　例えば、あるクラスに `ListenerEventMessageClickViewText` という名前が与えられているとしましょう。これを単純に名詞句のように、つまり前から順番に読んでいくと、「リスナーを対象とするイベントのメッセージ（？）を表示するクリックビュー（？？）のテキスト」となります。この読み方では、このクラスは「何らかのテキストである」と解釈できますが、それでは他の部分の意味を

把握するのは困難です。では、他の読み方を試してみましょう。このクラスはリスナーかもしれませんし、イベントの場合もあれば、ビューということもありえます。`ListenerEventMessageClickViewText` から「このクラスが何であるのか」を想像するには、パズルのように単語を並び替えて、何通りもの可能性を考えなくてはなりません。特に、意味の通る単語の並びが複数見つかってしまった場合は、さらに混乱することになるでしょう。

　一方で `MessageTextViewClickEventListener` という名前について考察してみましょう。先程と同様に、この名前が名詞句であることを前提にすると、「メッセージを表示するテキストビュー上で発生したクリックイベントのリスナー」と解釈できます。端的に言うと、このクラスはイベントのリスナーであり、より詳しい情報は `EventLister` より前の部分を読めば理解できます。例えば「どんなイベントか」という質問に対して、1つ前の `Click` の部分を見ることで、「UIのクリックイベントである」と答えることができます。さらに「何に対するクリックイベントであるか」という質問には、もう1つ前の `MessageTextView` を見ることで、「メッセージテキストを表示するビューのクリックイベントである」と答えることができます。このように文法に気を配ることで、解釈が一意に定まるような、理解のしやすい名前をつけることができます。

　命名に際して、どの文型を用いるべきかは、命名する対象の種類によって決まります。基本的には、クラスや変数には**名詞または名詞句**を用い、関数には**命令文**を用います。これら名詞（句）と命令文の2つは、多くのプログラミング言語やプロダクトに共通して使われるため、特に重要です。これらを使ってどのように命名されるのか、JavaやKotlinでの例を見ていきましょう。

2-1-1　名詞または名詞句

　名詞や名詞句は、`HashSet` といったクラスやインターフェイスなどの名前や、`imageView` といった変数や仮引数などの名前として使います。また、`size()` や `length()` に代表されるように、性質や状態を返す関数であったり、`listOf()` のような新たに作られたオブジェクトを返す関数にも、名詞（句）を用いることがあります。

　名詞句を用いる際は、「名前をつける対象が何であるかを示す単語」を最後に置きましょう。対象が何であるかを示す単語とは、「最も重要な単語」と言い換

えることもできます。例えば「ボタンの高さ」であるならば、重要な単語は「高さ」であり、「ボタンの」は「高さ」の修飾に過ぎません。そのため、「高さ」に相当する height を名前の最後に置き、button をその前につけるとよいでしょう。すなわち、この例では buttonHeight という名前をつけるべきです。もし heightButton という名前をつけてしまうと「高さのボタン」となり、例えば「高さを設定するボタン」のように誤解されてしまいます。

　ただし、修飾する語句が多くなると、重要な単語を最後に置くことが難しくなります。例えば「縦画面モードのときのボタンの高さ」という名前をつける際に、最後の単語を height にしようとすると、portraitModeButtonHeight となるでしょう。この名前では portraitMode が修飾する対象が曖昧になり、「縦画面モードに移行するためのボタンの高さ」なのか「縦画面モードのときのボタンの高さ」なのかが分からなくなります。そのような場合は、前置詞を使うことで修飾部を後ろに置くことができます。先程の例でいうと、前置詞「in」を使うことで「portraitMode」を後ろに移動させることができ、buttonHeightInPortraitMode とできます。ただしこのような名前は、広いスコープで参照可能なクラスの名前として使うと、可読性を下げかねません。名前に前置詞を使う場合は、変数や関数の名前や、プライベートな内部クラスなどに限るのが無難です。

　また、前置詞を使うことはあくまでも例外的であり、基本はやはり重要な単語を最後に置くのがよいでしょう。そのために、使用する単語を工夫する必要もあるかもしれません。ここで、ユーザの人数を整数値で表す場合を考えます。まず、numUsers という名前では、「人数」を意味している「num」が最後に置かれていないので、適切ではありません。numUsers を書き換えるならば、numOfUsers が候補になりますが、可能であれば前置詞を使うよりも、「人数」を意味する語を最後に置きたいところです。では、単語の順番を入れ替えて userNumber としてみましょう。今度は「number」を「ユーザの識別子 (ID) を示す値」を示す単語として勘違いされる可能性があります。そこで、「num」・「number」の代わりに「count」や「total」を用いるという工夫をしてみましょう。userCount や userTotal という名前ならば誤解されにくく、かつ、整数値が何であるかを示す単語が最後に置かれています。

　性質や状態を返す関数については、仮引数まで含めて名詞句となるように、前置

詞を使うことがあります。例えば、インデックスを返すindexOf(element) や、引数中から最大値を返す maxValueIn(array) といった関数が挙げられます。この形式を用いる場合は、重要な単語を前置詞の直前に置くとよいでしょう[*1]。

2-1-2　命令文

　手続きやメソッドを含め、関数には命令文を用います。命令文を使う場合は、動詞の原形を名前の先頭に置きましょう。例えば「ユーザの動作を記録する」という関数では、「記録する」に相当する「log」という単語を先頭に置き、logUserAction とするべきです。ここで、命令文にならないような語順にしたり、副詞を先頭に持ってくると可読性が下がってしまいます。もしuserActionLog のように語順を変えてしまうと、「記録する」ではなく「記録されたもの」と誤解される可能性があります。「log」のような複数の品詞を持つ単語を使う際は、語順が変わることで意味も変わることに注意しましょう。

　先述のとおり、性質や状態を返す関数名には、名詞(句)を使うこともあります。名詞(句)を使った関数名を命令文に書き換えたい場合は、「get」・「query」・「obtain」といった動詞が使えるでしょう。これらの動詞を適切に選ぶことで、副作用[*2]の有無や実行時間といった、関数を実行・評価するときの影響や条件を示唆することができます。逆を言えば、副作用を持つ関数や実行に時間がかかる関数については、たとえそれが性質や状態を返す関数であったとしても、名詞(句)よりも命令文の方が適しています。

　また、名詞(句)と同様に、引数を取る場合は compareTo(value) のように、仮引数の名前も含めて命令文を構成することもあります。

2-1-3　その他の文法

　言語によっては、さらに形容詞や副詞・疑問文なども用います。こちらも同様にJavaやKotlinの例を見ていきましょう。

[*1]　Swiftの場合は、仮引数とは別の名前を実引数のラベルに与えることができます。そのためSwiftでは、index(of: element) や maxValue(in: array) のように、前置詞を関数の名前に含めるのではなく、実引数のラベルとして使うことが多いです。

[*2]　関数の内部に閉じたローカルな環境以外の状態を変えることを副作用と言います。例えば、レシーバや実引数の状態を変えたり、ファイルやネットワークなどのI/Oを通じて外界に影響を与える関数は、副作用のある関数です。一方で、ローカル変数のみを書き換える関数は、それを参照するクロージャがない限りは、副作用のない関数です。

- **形容詞や形容詞句、または分詞**：性質や状態を示すクラスや変数については、`Iterable` のような形容詞（句）や `PLAYING` や `FINISHED` などの分詞（動詞の現在分詞や過去分詞）を使うことがあります。特に、シングルメソッドインターフェイスや、状態を示す列挙子、定数値の名前に使われることが多いでしょう。

- **三人称単数形の動詞・助動詞と、それによる疑問文**：真偽値を示す変数や真偽値を返す関数に用います。`contains` や `shouldUpdate` などのように、三人称単数形の動詞や助動詞が使われることと、`isTextVisible` などのように疑問文が使われることがあります。また、`equalsTo(value)` のように、仮引数を含めて名前を構成する場合もあります。

- **前置詞を伴う副詞句**：`toInt`・`fromMemberId`・`asSequence` のように型を変換する関数や、`onFinished` のようにコールバックに用いられる場合があります。

　名詞（句）や命令文以外の品詞や文型は、プログラミング言語やプロダクトごとに使われ方が異なります。例えば、Pythonでは `sorted` 関数のように、形容詞や分詞を「性質を満たす新たなオブジェクトを返す関数」として使うことが多いでしょう。品詞の使い方を決める際には、一つの品詞や文型に複数の意味をもたせないように気をつけるべきです。形容詞・分詞の用法をPythonの作法に合わせると決めたならば、そのプロダクトでは形容詞や分詞を他の目的（「真偽値を示す変数や関数」や「性質や状態を示すクラスや変数」など）に使うべきではありません。

2-1-4　なぜ文法を無視した命名がされるのか

　ここまで、誤解されにくい命名をするためにも、文法が重要であることを解説してきました。しかし現実には、最初に示した `ListenerEventMessageClickViewText` のように、文法を無視した名前も散見されます。どうしてこのようなことが起きるのか、`UserActionEvent` というイベントクラス（**[コード2-1]**）を用いて説明します。

コード2-1　イベントクラスの定義

```
open class UserActionEvent
```

　この `UserActionEvent` では、サブクラスとして、より具体的なイベントを定義することを想定しています。ここでは、クリックとドラッグのUIイベントを定義したいとしましょう。名詞句の文法に従うなら、サブクラスは**[コード2-2]**のように定義されます。

コード2-2　〇GOOD　イベントクラスのサブクラス（文法に従う場合）

```
class ClickActionEvent : UserActionEvent()
class DragActionEvent : UserActionEvent()
```

　しかし、この定義では `ActionEvent` の部分が揃っていないため、美しくないと感じる人もいるかもしれません。文字が揃うことによる統一感や美しさを重視するなら、**[コード2-3]**のように定義されてしまうでしょう。

コード2-3　✕BAD　イベントクラスのサブクラス（見た目の統一感を優先する場合）

```
class UserActionEventClick : UserActionEvent()
class UserActionEventDrag : UserActionEvent()
```

　こちらの方が、`UserActionEvent` の見た目が揃っているため、読みやすいと感じる人もいるでしょう。しかし、この名前に変更を重ねると、一気に可読性が下がってしまいます。`UserActionEventClick` を、クリックの対象ごとにサブクラスを分けたくなったとします。先程と同様に見た目の統一感を優先するならば、クリックの対象を示す単語は**[コード2-4]**のように最後につけられてしまうでしょう。

コード2-4　❌ BAD　クリック対象で分けたイベントクラス

```
class UserActionEventClickMessageText : UserActionEvent()
class UserActionEventClickProfileImage : UserActionEvent()
```

　`UserActionEventClick` の部分が揃っているため、コードを定義した場所では、これらがクリックのイベントを意味すると解釈できるでしょう。しかし、[コード2-5]のようにイベントクラスを使う側では、このクラスが何を意味するかを前提知識なしで正しく理解することは困難です。`UserActionEventClick MessageText` はイベントクラスではなく、テキストのクラスと勘違いされかねません。

コード2-5　❌ BAD　イベントクラスを使うコード

```
mutableListOf<UserActionEventClickMessageText>()
```

　この例から分かるとおり、美しさや統一感、一貫性は可読性のための**手段**に過ぎず、それ自体を目的化してはいけません。名前をつける際に重視するべき基準は、それを使ったコードが理解しやすいかどうかというところにあり、見た目の美しさなどの宣言・定義する側のこだわりや都合で行われるべきではありません。文法に従うことで、自然とそれらに注意を払った命名をすることができます。

2-2 ｜ 名前の示す内容

　名前は、命名の対象（クラス・関数・変数）が「何であるか・何をするか」を表現するべきです。言い換えると、その対象が「いつ・どこで・どのように使われるか」については、名前で言及するべきではありません。以下に、これらの名前の例を示します。

適切な名前：何であるか・何をするかを表している
 - `MessageListProvider`：メッセージのリストを提供するクラス
 - `userId`：ユーザの識別子

― showErrorDialog：エラーダイアログを表示する関数

不適切な名前：いつ・どこで・どのように使われるか表している

― onMessageReceived：メッセージを受け取ったときに呼ばれる関数
― isCalledFromEditScreen：編集画面から呼ばれたときに真になる値
― idForNetworkQuery：クエリに使用される識別子（ユーザの識別子かもしれないし、クエリの識別子かもしれない）

対象が何であるか・何をするかを名前で示すことにより、**対象の責任範囲**と**対象を使っているコードが何をしているか**の2つがより明確になります。まず、責任範囲が明確になることで、無関係な機能が対象に追加されることを防げます。また、対象を使っているコードの動作が明確になると、単純に可読性が向上するだけでなく、勘違いから起こるバグを未然に防ぐことができます。これらの利点の詳しい説明のために、引数の名前と関数の名前の例を用います。

2-2-1　例：引数の名前

まず、ユーザのリストを取得して表示する showUserList という関数があるとします。ただし、この「リストを取得する」という動作は失敗する可能性があり、そのときの動作は以下のようになります。

― 呼び出し元が LandingScreen というクラス：エラーダイアログを表示する
― 呼び出し元がそれ以外のクラス：何もしない

showUserList は引数として真偽値を受け取り、その真偽値によってエラーダイアログの有無を決定します[*3]。この真偽値の仮引数は、「true のときに何をするのか」に基づいて命名されるべきです。つまり、[コード2-6]のように「失敗時にダイアログを表示するべきなら true」と命名するのがよい例で、「呼び出し元が LandingScreen のときに true」と命名するのはよくない例です。[コード2-7]は、この真偽値が何をするかではなく、誰が呼び出すかについて述べてい

＊3　本章では命名に焦点を当てますが、真偽値の引数によって動作を変えるという構造そのものにも問題があります。詳しくは6-2-3「制御結合」を参照してください。

るので不適当です。

コード2-6　**○ GOOD**　「何をするか」を示している仮引数名

```
fun showUserList(shouldShowDialogOnError: Boolean)
```

コード2-7　**✕ BAD**　「誰に呼ばれたか」を示している仮引数名

```
fun showUserList(isCalledFromLandingScreen: Boolean)
```

　[コード2-6]のように shouldShowDialogOnError と命名しておくと、true や false が渡されると何が起きるかが、関数の宣言を見るだけで分かります。一方で、[コード2-7]のような isCalledFromLandingScreen という名前では、その真偽値によって何が起きるかを知るために、関数の中身を読む必要があります。

　問題はそれだけではありません。isCalledFromLandingScreen という名前は、ちょっとした仕様変更でも、その名前が示す意味と実態がすぐに乖離してしまいます。EditScreen という LandingScreen とは別の画面でも、エラーダイアログを表示するように仕様が変わったとしましょう。このとき、[コード2-8]のように LandingScreen でないにもかかわらず、isCalledFromLandingScreen に true を渡すコードが書かれるかもしれません。このように、呼び出し元に対して言及する名前は、その意味と実態の乖離がたやすく起きてしまいます。しかも、showUserList の定義を見ているだけではその乖離に気づくことはできず、呼び出し元の EditScreen を見るしかありません。

コード2-8　**✕ BAD**　引数名と実態が乖離する例

```
class EditScreen {
    fun ...() {
        // ここは LandingScreen ではないが、エラーダイアログは表示したい。
        showHistory(isCalledFromLandingScreen = true)
    }
}
```

別の問題として、`isCalledFromLandingScreen` はその真偽値の責任範囲が明確でないため、当初の想定以外の目的で使われかねないことが挙げられます。例えば**[コード2-9]**のように、ヘッダーのタイトルを決定するために `isCalledFromLandingScreen` が使われる可能性があります。

コード2-9 　**✕ BAD** 　引数が別の目的に流用される例

```
fun showUserList(isCalledFromLandingScreen: Boolean) {
    // ユーザリストを表示するためのコード
    ...

    // タイトルの表示に `isCalledFromLandingScreen` を利用
    headerView.title = if (isCalledFromLandingScreen) {
        LANDING_SCREEN_TITLE
    } else {
        OTHER_SCREEN_TITLE
    }
}
```

もし、**[コード2-8]**と**[コード2-9]**の変更が同時に起きてしまうと、事態はさらに深刻です。EditScreen から showUserList を呼び出したときでも、そのタイトルとして LANDING_SCREEN_TITLE が表示されるというバグを発生させます。もし shouldShowDialogOnError と名付けておけば、その引数の目的はダイアログの表示の決定のみに絞れたため、このようなバグを回避することができたでしょう。

2-2-2　例：関数の名前

続いてもう1つ、「メッセージを受け取ったときに、その内容を表示する」という関数に名前をつけることを想定します。この関数の名前は、「内容を表示する」ことに着目して showReceivedMessage としましょう（**[コード2-10]**）。一方で「メッセージを受け取ったとき」に着目して onMessageReceived とするのは、よくない命名の方法です（**[コード2-11]**）。同様に、「メッセージを受け取ったときに、それを保存する」という関数の場合は、storeReceivedMessage がよい名前で、onMessageReceived はよくない名前です。

コード2-10 〇GOOD 「何をするか」を示している関数名

```
class MessageViewPresenter {
    fun showReceivedMessage(model: MessageModel) { ... }
}

class MessageRepository {
    fun storeReceivedMessage(model: MessageModel) { ... }
}
```

コード2-11 ✕BAD 「いつ呼ばれるべきか」を示している関数名

```
class MessageViewPresenter {
    fun onMessageReceived(model: MessageModel) { ... }
}

class MessageRepository {
    fun onMessageReceived(model: MessageModel) { ... }
}
```

　これら2つの命名方法の違いは、呼び出し元のコードを比較することでより
はっきりします。**[コード2-12]** はよい名前の呼び出し元のコードで、**[コード2-13]**
はよくない名前の呼び出し元のコードです。

コード2-12 〇GOOD コード2-10の呼び出し元

```
presenter.showReceivedMessage(messageModel)
repository.storeReceivedMessage(messageModel)
```

コード2-13 ✕BAD コード2-11の呼び出し元

```
presenter.onMessageReceived(messageModel)
repository.onMessageReceived(messageModel)
```

　[コード2-12] では、presenter と repository を使って何をするのかが明
確ですが、**[コード2-13]** では onMessageReceived が何をするのかが分かりま
せん。**[コード2-13]** が具体的にどういう処理を行うのかを知りたければ、実装の

詳細まで読む必要があります。さらに、呼び出し元としては、onMessage Received を呼ぶのはメッセージを受け取ったときであることは明らかであるため、「いつ呼ばれるか」という名前は情報を増やすことに貢献できていません。

　また、onMessageReceived と命名した場合は、その関数の責任範囲が曖昧になってしまいます。この例で言うと、MessageViewPresenter はメッセージを表示することのみに責任を持つべきですが、[コード2-14] のように他のクラスの onMessageReceived を呼び出すコードが混入したとしても、違和感を覚えにくいでしょう。

コード2-14　✖ BAD　曖昧な責任範囲による不適当な関数呼び出し

```
class MessageViewPresenter {
    fun onMessageReceived(model: MessageModel) {
        // メッセージを表示するためのコード
        ...

        // このような不適当なコードを書き足しても気づきにくい
        repository.onMessageReceived(model)
    }
}
```

　しかしこのとき、[コード2-13] のように、MessageViewPresenter.on MessageReceived の呼び出し元でも MessageViewRepository.onMessage Received を実行しているかもしれません。その場合は、メッセージを二重に保存するというバグを発生させてしまいます。

　一方で、showReceivedMessage と命名した場合、その中でstoreReceived Message を呼び出すと、責任範囲外の動作をしていることが明確になります。引数として与えられたメッセージモデルは、表示以外の目的で使われてはいけないことが、名前によって示されているからです。

2-2-3　例外：抽象メソッド

　ここまで、名前は対象が「何であるか・何をするか」を示すべきと解説してきましたが、これには例外もあります。例えば、コールバックとして定義された抽象メソッドなどは、宣言時点では「何をするか」が決まっていないことも多いでしょう。

そのときは、onClicked・onSwiped・onDestroyed・onNewMessage などのように、「いつ・どこで呼ばれるか」に基づいて命名することになります。

　ただし、抽象メソッドでも、そのメソッドの目的がはっきりしている場合は、「何をするか」に基づいて命名するべきです。例えば、「クリックされたときに、選択状態をトグルする」という実装を期待している抽象メソッドは、onClicked ではなく toggleSelectionState と命名できます。こうすることで、抽象メソッドが他の目的で実装されることを防ぐことができ、また、その抽象メソッドを呼び出す側のコードも読みやすくなります。

2-3 ｜ 単語の選択

　説明的な名前を構成するためには、文法や名前の示す内容だけではなく、どのような単語を使うかにも気を配る必要があります。ここでは、以下の4つの点について解説します。

- 曖昧性の少ない単語を選ぶ
- 紛らわしい略語を避ける
- 単位や実体を示す語句を追加する
- 肯定的な単語を用いる

2-3-1　曖昧性の少ない単語を選ぶ

　名前に使う単語を選ぶとき、より意味が限定された単語を用いることで、誤解の可能性を下げられます。例えば、数値に対する limit という単語は、それが上限であるのか下限であるのかが曖昧です。それよりは max や min という単語を使う方が、どちら側の限界かが明確になります。ここからは、注意するべき単語として flag・check・old の3つの例を取り上げます。

●曖昧な単語の例1：flag

　flag という単語が真偽値に使われた場合、true・false の値がそれぞれ何を示すのかが曖昧です。例えば、initializationFlag という名前は、次のような意味を持つ可能性があります。

- 初期化中：`isInitializing`
- 初期化済み：`wasInitialized`
- 初期化可能：`canInitialize`, `isInitializable`
- 初期化するべき：`shouldInitialize`, `isInitializationRequired`, `requiresInitialization`

`flag` という単語を使うよりも、上のいずれかの形式を選択するとよいでしょう。`wasInitialized` という名前の場合、それは「値が `true` ならば初期化が完了している」という意味であると読み取れます。一方で `flag` という名前の意味を知るためには、それを定義・代入しているコードやコメントを読む必要があります。さらに悪いことに、`flag` という単語では、真偽が逆になっている可能性も考慮しなくてはなりません。場合によっては、`initializationFlag` は `isNotInitialized`（まだ初期化されていない）を意味している可能性すらあります。

真偽値に `flag` という単語を当てはめたくなったときには、`true` の値が何を示しているかを考えて名前をつけるとよいでしょう。JavaやKotlinの場合、三人称単数形の動詞（`is`・`was`・`contains`・`requires` など）や助動詞（`should`・`can`・`will` など）を使うのが適切でしょう。

●曖昧な単語の例2：check

`check` という単語は、何かを確認・検査するという意味を持ちますが、関数の名前として使われた場合、「確認したい条件は何か」・「条件外のときに何をするか」・「状態を変えるのか」が曖昧です。例えば、`checkMessage` という名前は、以下のような意味を持つ可能性があります。（しかも、これだけに限りません。）

- 条件に合致するかを戻り値や例外で知らせる：`hasNewMessage`, `isMessageFormatValid`, `throwIfMessageIdEmpty`
- 条件に合うものを返す：`takeSentMessages`, `takeMessagesIfNotEmpty`
- 外部から取得する：`queryNewMessages`, `fetchQueuedMessageList`
- 内部状態を更新・同期する：`updateStoredMessages`, `syncMessageListWithServer`

── 外部に通知をする：notifyMessageArrival, sendMessageReadEvent

　check という単語を置き換えるには、まず、関数呼び出し前後でレシーバ・引数の状態が変わるかに着目するとよいでしょう。状態を変える場合は、その変更内容を使って命名することができます。関数が何の状態も変えない場合は、戻り値や例外に着目することで適切な名前を与えることができます。

●曖昧な単語の例3：old

　old という形容詞が名前の一部に使われた場合、何の状態をもって「古い」としているのかが曖昧です。以下のように「比較対象があるのか」や「何かの条件を満たしているのか」に着目することによって、より曖昧性の少ない単語を使うことが可能です。

　　　── 1つ前のインデックスや1つ前の状態：previous
　　　── 無効化された値：invalidated, expired
　　　── 変更前の値：original, unedited
　　　── 既に取得・保存した値：fetched, cached, stored
　　　── 推奨されなくなったクラス・関数・変数：deprecated

　ここで、同じ「無効化された値」でも、外部から与えられたイベントで無効化された場合は invalidated 、予定された時刻で無効化された場合はexpired を使うとよいでしょう。

　特定時刻までのメッセージを取得する関数として getOldMessages(receivedTimeInMillis: Long) があるとします。ここでの old は receivedTimeInMillis 以前の「範囲」を示しています。このように、old が一定の範囲を示す場合は、before ・ until ・ by などに置き換えるとよいでしょう。先程の例ですと、getReceivedMessagesBefore(timeInMillis: Long) と書き換えることができます。

●より曖昧性の少ない単語を探すために

　より曖昧性の少ない単語を探すためには、辞書や類語辞典を利用するとよいで

しょう。類語の意味の差を比較し、誤解されにくい単語を選ぶことが重要です。また、類語辞典でもよい候補が見つからない場合は、同じ単語を使う別の状況を想定し、比較してみるのもよいでしょう。例えば、値を取得する関数の名前で get しか思いつかない場合、以下のようにデータソースや状態の変更があるかといった要素が参考になります。

- データソース：既に持っている値を返すか・計算で取得するか・ネットワークを使うか
- 状態の変更があるか：何も変更しないか・キャッシュをするか・元のデータを削除するか

これらの違いを比較することで get の代わりとして、find・search・pop・calculate・fetch・query・load といった単語を探すことができます。

2-3-2　紛らわしい省略語を避ける

省略語を名前に用いると、可読性を下げることがあります。省略語を使わなければ、名前を認識するだけで、それが示す内容を理解できることが多いでしょう。しかし、省略語を使ってしまうと、その省略語の意味を思い出す（想起する）必要があります。一般に、認識することよりも思い出すことの方が思考に大きな負担をかけるので[4]、省略語を避けることでコードの可読性が向上します。

特に、個人で勝手に定義した省略語の使用は避けるべきです。例えば、illegalMessage という名前は簡単に認識できます。一方で、im という名前を見たときには、その定義を思い出す必要があります。もしかしたら、im は inputMethod を意味しているかもしれませんし、instanceManager を意味しているかもしれません。im の意味を思い出せない場合は、定義を読み返して再度理解する必要があるため、コードを読む速度が下がっていまいます。さらに、定義を読み返している間に、元々読んでいたコードのことを忘れてしまうこともあるでしょう。そうした事態を避けるためにも、省略語を使う場合は、定義を見なくてもその名前が認識可能かどうかを確認しましょう。つまり、省略語を

＊4　Susan M. Weinschenk. 2011. 100 Things Every Designer Needs to Know About People. New Riders Press

用いるかを判断する基準として、「そのコードを使う側から理解しやすいかどうか」を考慮するべきです。

　裏を返せば、広く知れ渡っている省略語は使ってもよい場合もあります。例えば「TCP」や「URL」などは、むしろ省略前の名前の方が思い出せない人も多いかもしれません。その場合は、「Transmission Control Protocol」よりも「TCP」という省略語を使った方が、理解しやすくなります。他にも、Javaにおける millis（ミリ秒）のように*5、使用しているプログラミング言語やプラットフォームで既に用いられている省略語がある場合は、それを使ってもよいでしょう。また、string に対する str のように、デファクトスタンダードとして広く知られている省略語は、限られたスコープの中でなら使ってもよいかもしれません。ただし、str を stream や sortedTransactionRecord の意味で使うなど、一般的でない省略の仕方をすると、誤解を招くことがあります。また、パブリックなクラス名や関数名の場合は、省略せずに string と書いた方が無難です。省略語を使ってよいかどうかは、その省略語によって理解がしやすくなるか、その名前のスコープがどの程度広いか、誤解を招く可能性がどの程度あるかを基準に考えるとよいでしょう。

　たとえ個人で省略語を定義していなくとも、プロダクト独自の省略語が使われることがしばしばあります。プロダクト独自の省略語を使う場合は、新しいチームメンバーにもその意味が理解できるように、コメントで解説したり、用語集を別途用意するとよいでしょう。

2-3-3　単位や実体を示す語句を追加する

　整数などの値について、型だけでは単位を区別できない場合、その単位を示す語句を加えるとよいでしょう。例えば、timeout という整数型の変数があった場合、その単位が秒なのかミリ秒なのか、それとも分や時なのか、すぐには分かりません。コメントや仕様書などで単位を示すのも1つの手ですが、timeoutInSeconds や timeoutInMillis といった命名をすれば、その変数を使う側のコードでも単位が明示されるため、誤解されにくくなります。同様にUIの幅や高さなどに使われる長さについても、複数の単位が使われるのであれば、

＊5　Javaの標準APIには、Clock#millis や System#currentTimeMillis、Calendar#getTimeInMillis といったメソッドがあります。そのため「millis」は事実上、Javaでの標準的な省略語と言えるでしょう。

「pixels」・「points」・「inches」といった単語を使うとよいでしょう。

　単位だけでなく、全く別種の値が同じ型で示される場合もあります。色を指定する方法として、32bitのARGB値を使う場合もあれば、色を定義したリソースのIDを使うこともあるでしょう。もしそれらが同じ整数型で表されるならば、その表現方法を示す単語で明確に区別するのも1つの手です。背景色の指定であれば、それぞれ backgroundArgbColor や backgroundColorId と命名すると、区別できるようになります。

　他にも、ループのインデックスとして i・j・k などが使われることもありますが、これらも messageIndex などのように「何のインデックスなのか」を明示した方がよいことがあります。特に多重ループでは、意味のある名前をつけることを強くおすすめします。例えば行列を走査する場合、そのインデックスの名前に i と j を使うと、行と列を取り違えることもあるでしょう。しかし row と col という名前を使えば、行と列の取り違えのバグに事前に気づける可能性が高くなります。

　単位や実体を示す語句を加えたあとは、その名前が正しい文法に沿っているかについて再度確認してください[*6]。

>> COLUMN

単位を型で示す

　名前で単位を示す以外にも、型を単位ごとに作るという方法があります。長さを示す単位としてインチとセンチメートルを使う場合は、以下のようなクラスを作っておくという選択肢もあります。

```
class Inch(val value: Int)
class Centimeter(val value: Int)
```

　ここで、次のように setWidth の引数を Inch として定義します。

[*6] 「timeout」の単位として「seconds」を使う場合、timeoutSeconds のように「タイムアウトの秒数」と書くよりも、timeoutInSeconds のように「秒の単位で表されたタイムアウト」とする方が、英語の表現としては自然です。しかし、単位につく前置詞はなくても誤解の恐れが少ないからか、しばしば省略されます（例：Kotlinの標準関数の getTimeMicros や measureTimeMillis）。

```
fun setWidth(width: Inch) = ...
```

　このようにすることで、`setWidth(Centimeter(10))` のようなコードはコンパイルエラーとなり、単位を間違える可能性を軽減できます。特に、プログラミング言語としてScalaやKotlinを使っている場合、それぞれ値クラスやインラインクラスを使うことで、実行時のオーバーヘッドをかけることなく、このような静的検証をすることができます。

　他にも、`kotlin.time.Duration` のように、複数の単位を統一的に取り扱えるクラスを作ることも有効でしょう。

2-3-4　肯定的な単語を用いる

　「enabled」と「disabled」のように、肯定的と否定的の両方の単語が存在しているならば、肯定的な単語を使うと読みやすくなるかもしれません。特に否定演算子を使うコードで比較すると、`!isEnabled` と `!isDisabled` となり、後者は二重否定になるため読みにくくなります。ただし、否定的な表現を使ってもよい状況も存在します。例えば、ほどんどの場所で `!isEnabled` のように否定演算を伴う場合や、「disabled」の状態が特殊な意味を持つ場合などです。

　もし、「disabled」のような否定的な単語が存在しない場合は、「not」・「no」・「non」といった否定語を使うことがあります（例：`isNotEmpty`）。ただし、このときに `!isNotEmpty` のように否定演算子を使用すると、可読性が下がります。この場合は否定演算子を使うよりも、真偽を逆にして `isEmpty` とする方がよいでしょう。

　`isNotDisabled` のような否定的な単語と否定語の両方を使う名前は、特に避けてください。この名前単独でも二重否定になっている上、さらに否定演算子を使った場合は `!isNotDisabled` となり、三重に否定が重なってしまいます。この場合は、肯定的な単語に置き換え、否定語を取ることで、真偽を変更することなく可読性を上げることができます。例えば `isNotDisabled` は、ロジックの変更なしに `isEnabled` と名前を変えることが可能です。

2-4 | 言語・プラットフォーム・プロダクトの規約

　繰り返しとなりますが、この章で解説してきた内容はあくまでも一般論です。使用する言語やプロダクトによって命名規則が決まっている場合、そちらを優先してください。たとえ納得できない命名規則があったとしても、個人の考えだけで規則を破るべきではありません。可読性を下げかねない命名規則がある場合には、規則そのものの改善を試みましょう。

　命名規則が厳密に定義されてなかったとしても、使用している言語やライブラリ、プラットフォームで事実上標準となっている命名方法があるならば、それに従うのもよいでしょう。例えば「曖昧性の少ない単語を選ぶ」の節では、「check」という単語は曖昧であるため避けるべきと述べました。しかし、Kotlinの標準ライブラリには、checkNotNull という関数があります。この関数は、基本的には引数をそのまま戻り値として返しますが、引数として null が与えられた場合は IllegalStateException を投げます。Kotlinを使っているプロダクトで、同じような「通常は引数を返すだけだが、特定条件で IllegalState Exception を投げる」という関数を作るのであれば、checkNotEmpty のように「check」という単語を使ってもよいでしょう。ただし、他の意味に「check」という単語を使用してはいけません。Kotlinの標準ライブラリの用法に従っている以上は、例えば真偽値を返す関数に「check」を使わないようにしましょう。

2-5 | まとめ

　本章では、どのような命名が可読性を向上させるかについて、文法・名前の示す内容・単語の選択に焦点を当てて、以下のことを解説しました。

文法
- 名詞句：もっとも重要な単語を名前の最後に置く
- 命令形：動詞の原形を名前の最初に置く

名前の示す内容
- 表現するべきもの：対象が何であるか・何をするか

— 表現するべきではないもの：いつ・誰が・どのように使うか

単語の選択
— 曖昧性が少ない単語を選ぶ
— なるべく肯定的な単語を使う
— 紛らわしい省略語を避ける
— 型や単位を補足する

第 3 章

コメント

　どんなに命名を工夫したり、コードを簡潔にしたとしても、それだけで高い可読性を実現できるとは限りません。名前ではコードの内容を説明しきれない場合や、どうしても非直感的なコードが必要な場合は、コードの内容・意図・目的をコメントで補足するとよいでしょう。ただし、闇雲にコメントを追加するだけでは、逆にコードの可読性や保守性を下げかねません。この章では、コメントを書く目的や書く際の注意点を含め、どのようなコメントを書くべきかについて説明します。

3-1 ┃ コメントの種類と目的

　コメントの多くは、一部の例外を除いて、**ドキュメンテーション**と**非形式的なコメント**の2つに分類できます。ドキュメンテーションは形式的な説明で、クラス・関数・変数の宣言や定義に使用します。また、Dokka・Javadoc・Doxygenなどのツールを使えば、ドキュメンテーションからAPIリファレンスや仕様書を自動生成できます。一方で非形式的なコメントは、インラインコメントやブロックコメントなどの形で、定義・宣言時に限らずソースコード中のあらゆる場所に書

かれます。[コード3-1] では、ドキュメンテーションと非形式的なコメントの両方
が書かれています。

コード3-1　コメントの例

```kotlin
/**
 * ドキュメンテーションの例。
 *
 * 主に [someFunction] が何をするのかについての説明や、
 * 使う際の注意点などを書く。
 */
fun someFunction() {
    // 非形式的なコメントの例1
    // この場合は、`anotherFunction` を呼ぶ理由や意図を説明する。
    anotherFunction(/* 非形式的なコメントの例2: 引数について */ argument)

    /* 非形式的なコメントの例3
       このように複数行にまたがって書かれることもある。  */
}
```

　適切にコメントを書くことで、コードを理解しやすくしたり、ミスをしやすい
点について注意を促したり、リファクタリングを促進したりすることができま
す。そのような恩恵が特にない場合は、コメントを書く必要はありません。意味
のないコメントを避けるためにも、実際に書き始める前にその目的を明確にしま
しょう。以下では、コメントの目的とされるものの中でも、代表的なものについ
て説明しています。

● **コードの理解を加速させる**
　コードの概要や意図・理由を説明することで、コードを理解するまでの時間を
短縮できます。これは特に、複雑なアルゴリズムを実装している場合や、採用し
ているライブラリ、プラットフォームの使用方法が煩雑な場合に有効です。この
ような状況では、コードを単純かつ簡潔に書くことには限界があるため、可読性
が低くなりがちです。ただ、適切なコメントを書いておけば、可読性の改善は可
能です。コメントのおかげでコードの詳細を読まずとも動作を理解できるように
なり、結果的にコードを読む時間を短くすることができます。その際は、コメン

トで説明する内容について、コードそのものよりも抽象度が高く、かつ、粒度が粗くなるように書くとよいでしょう。

また、動作を自然言語で説明しにくい場合は、コードや値の例をコメントで示すことも有効な選択肢です。クラスに対するコメントなら標準的な使い方を示したり、関数なら実引数・戻り値・副作用の例を示すとよいでしょう。

● ミスを防ぐ

　どんなにコード理解にかかる時間を短縮できたとしても、理解した内容そのものが正しくなければ、バグの原因になってしまうでしょう。クラス・関数・変数を使う際に、注意するべき境界条件や特別な制約がある場合は、その制約についてコメントを書くとよいです。例えば、整数を引数として受け取る関数があり、その引数が非負でないと正常に関数を実行できない場合は、その「実引数は非負であるべき」という制約について書かなくてはいけません。また、制約に違反したとき、つまり、負の数を渡したときに何が起きるのかについても書きましょう。

他に、現状のコードに対して誰かが間違ったリファクタリングをする可能性がある場合にも、コメントは有用です。一見しただけでは存在理由が分からないコードがある場合、そのコードが必要な理由を説明しておかないと、「この関数呼び出しはいらなそうだから消しておこう」や「この境界条件は起こらないだろうから単純化しよう」といった考えのもと、削除されかねません。コメントを残しておくことで、このような間違ったリファクタリングを防ぐことができます。

● リファクタリングを促進する

コメントを書くことで、リファクタリングをする上でのヒントが得られることがあります。コメントとリファクタリングは、一見すると関連性が薄いようにも思われるかもしれません。しかし、コードに対する説明をコメントという形で文章化することで、今まで見えなかった問題点が浮き彫りになり、リファクタリングの方針が決まることもあります。

コメントを書くことでコードの問題に気づける例を見てみましょう。ここでは、キーワードとその意味を登録する辞書 Dictionary というクラスを想定します。この辞書に新しいキーワードとその意味の組を登録するには、[コード3-2]のような add というメソッドを用います。

第
3
章

コメント

コード 3-2　**✕ BAD**　Dictionary.add のドキュメンテーション

```
/**
 * キーワードとその説明文のペア [newData] を追加する。
 *
 * 追加した定義は [getDescription] で参照できる。
 * もしキーワードが追加済みならば、この関数は何もせずに `false` を返す。
 * それ以外の場合は追加処理は成功し、`true` を返す。
 */
fun add(newData: Pair<String, String>): Boolean
```

　この add メソッドの動作は単純なはずですが、その割には長いコメントが必要になっています。このような場合は、メソッドや仮引数の名前が不適切であったり、メソッドの仕様が無駄に複雑になっている可能性があります。この add メソッドについて考察すると、以下のような問題点が浮かび上がります。

1. add というメソッド名の意味が、実際の動作と比べて広すぎる。このメソッドは、任意のオブジェクトを追加するわけではなく、キーワードとその説明を追加する。

2. newData という仮引数名の情報量が少ない。引数型に Pair を使っているため、キーとバリューの個々のデータの意味が欠落している。

3. 既にキーワードが追加されている場合の挙動が、MutableMap などの一般的なコレクションクラスの挙動と異なる。多くのコレクションの実装では、重複した場合は上書きするという挙動なので、「重複時に無視する」という仕様は直感的でない。また、キーワードが重複した場合に無視するという挙動のために、本来不要であるはずの戻り値が必要になっている。

　これら3つの問題を解決するために、以下の3点を改善します。

1. 関数名をより説明的なもの(registerDescription)にする。

2. 引数を分解し、それぞれ keyword・description という名前をつける。

3. keyword の重複がある場合は上書きをするように仕様を変更し、戻り値を削除する(Unit にする)。

これらの改善を適用した結果が、**[コード3-3]**です。説明するべき内容が少なくなったため、コメントも短くなりました。

コード3-3　**◎GOOD**　Dictionary.add メソッドの改善例

```
/**
 * キーワード [keyword] に対する説明 [description] を新規に登録、
 * もしくは上書きする。
 *
 * 登録された定義は、[getDescription] によって取得できる。
 */
fun registerDescription(keyword: String, description: String)
```

このように、必要になるコメントの長さと動作の複雑さは、ある程度の相関を持ちます。もし、単純なはずのコードに長いコメントが必要になっているならば、コードに改善の余地がないか確認してください。

●**その他の目的**

コメントはコードの理解のためだけではなく、ツールを用いて開発を補助するためにも書かれます。そのようなコメントには様々な種類があるため、ここでは一部を紹介します。

- **統合開発環境（IDE）やエディタのためのコメント**： // TODO: ... や // FIXME: ... などと特定のタグを使用することで、未完了のタスクを示したり、 // <editor-fold> などと記述することで、表示上のコード折りたたみ範囲を指定することがあります。
- **メタプログラミングを行うためのコメント**：特定の書式で記述したコメントを元にコードを生成したり、異なるプログラミング言語のコードをコメントとして埋め込む場合があります。UNIXスクリプトファイルで、インタプリタを指定するshebang (#!)も、そのインタプリタが解釈する言語としては、コメントとみなされることがほとんどです。
- **型や制約の検証・解析をするためコメント**：静的型付けでないプログラミング言語に静的な型検証を導入するために、型をコメントで宣言したり、関数

呼び出し時の制約をコメントで記述することがあります（例：Python PEP 484の型コメント、Closure compilerの型アノテーション）。

— **継続的インテグレーションやテストのためのコメント**：誤判定された警告を抑制するためや、テスト網羅率の計算から一部のコードを除外するために、特殊なコメントを用いる場合があります。

これらは、言語やプラットフォームによって、コメント以外のものが使われることがあります。例えばJavaでは、警告を抑制するためやテスト範囲を指定するために、コメントの代わりにアノテーションを使うことが多いです。

3-2 ドキュメンテーション

ドキュメンテーションは、宣言や定義に対してある決まった書式で書くコメントです。基本的にはクラス・関数・変数に対して、その宣言や定義を説明するコメントとして書くことが多いでしょう。プログラミング言語によっては、名前空間・パッケージ・モジュールといったコードの範囲を示す要素に対しても、ドキュメンテーションを書くことがあります。

ドキュメンテーションの書式は、プログラミング言語やドキュメンテーションツールによって異なります。JavaやKotlinでドキュメンテーションを書く場合、それぞれJavadoc・KDocを使うことが多いでしょう。どちらの場合も、 /** で始まるコメントがドキュメンテーションであると解釈されます。

また、ドキュメンテーションを使うことで、APIリファレンスを自動的に生成できるようになります。また、**[図3-1]**のようにIDEやエディタ上で参照先のコードの説明を表示することも可能です。これは特に、複数のファイル・パッケージ・モジュールにまたがってコードを書く場合や、ライブラリのコードを利用する場合に強力な補助になります。

この節ではまず、避けるべきドキュメンテーションの類型を、アンチパターンとして紹介します。そのアンチパターンをもとに、ドキュメンテーションの構成はどうあるべきかや、それぞれの構成要素についてどのような注意が必要かについて解説します。

```
/**
 * ドキュメンテーションの表示を確認するためのクラス。
 *
 * クラスの詳細な説明...
 */
// インラインコメント。ここはドキュメンテーションとして表示されない。
class Foo

val foo = Foo()
```

```
foo.kt
public final class Foo

ドキュメンテーションの表示を確認するためのクラス。
クラスの詳細な説明...
·foo
                                              ⋮
```

図3-1 IntelliJ IDEAにおけるクイックヒント表示

3-2-1　アンチパターン

　ドキュメンテーションは、APIリファレンスの生成やコードを参照するときに使われるため、コードの中身を読まなくても「そのコードが何をするのか・何であるのか」について理解可能にすることが求められます。そのため、非形式的なコメントに比べて、書く上で注意するべき点が多くあります。その注意点を理解するために、以下の6つのアンチパターンを見ていきましょう。

1. 自動生成されたドキュメンテーションを放置する
2. 宣言と同じ内容を繰り返す
3. コードを自然言語に翻訳する
4. 概要を書かない
5. 実装の詳細に言及する
6. コードを使う側に言及する

●アンチパターン1：自動生成されたドキュメンテーションを放置する

　IDEやエディタによっては、クラスや関数を定義する際に、コードの雛形を出力する機能があります。また、コードの雛形の出力と同時に、ドキュメンテーションの雛形も出力できることも多いでしょう。例えば、関数名と仮引数、戻り値型を指定することで、[**コード3-4**]のような雛形が作られます。

コード3-4　**✕ BAD**　IDEによって出力された雛形

```
/**
 * @param keyword
 * @return
 */
fun getDescription(keyword: String): String { }
```

　この自動出力されたコメントは、それだけでは何の情報も持ちません。
@param や @return は、それぞれ仮引数と戻り値の説明をするためのタグです。
しかし、そのタグに何の記述も追加しなければ、宣言として書かれている以上の
ことは読み取れません。自動生成された雛形を利用するときは、必ず意味のある
情報を追加してください。

●**アンチパターン2：宣言と同等の情報量しか持たせない**

　ドキュメンテーションがクラス・関数・変数の宣言と同等の情報しか持たない
ならば、そのドキュメンテーションは不要です。**[コード3-5]**で書かれているドキュ
メンテーションは、関数名と仮引数名から読み取れる情報しか書いていません。

コード3-5　**✕ BAD**　宣言と同じ情報量しかないドキュメンテーション

```
/**
 * [keyword] に対する説明を取得する。
 */
fun getDescription(keyword: String): String { ... }
```

　これを改善するには、情報を追加して意味のあるドキュメンテーションにする
か、いっそのことドキュメンテーション自体を削除してしまいましょう。もし今
回の例で情報を追加するならば、以下のような説明を書くことが選択肢に入りま
す。

　　─ キーワードに対する description が未定義の場合、何が起きるのかについ
　　　 て記述する。

- 対となるメソッドがあるならば(`registerDescription`)、それについて言
  及する。
- このメソッドの計算量が定数オーダーでない、もしくはI/Oアクセスが必要
  で即時に終わらないならば、それについて注意書きする。

●アンチパターン3：コードを自然言語に翻訳する

[コード3-6]のような、コードを自然言語に直訳しただけのドキュメンテーショ
ンは、コードを理解する上で役に立ちにくいです。

コード3-6　　**✕ BAD**　コードを自然言語に直訳しただけのドキュメンテーション

```
/**
 * もし、`conditionA` が成り立つなら [doA] を呼び出す。
 * そうでないなら、[doB] を呼び出し、
 * さらにもし `conditionC` が成り立つなら ...(省略)...
 */
fun getDescription(keyword: String): String {
    if (conditionA) {
        doA()
    } else {
        doB()
        if (conditionC) { ... }
    }
}
```

　ドキュメンテーションは、コードの中身を読まなくても「それが何であるのか・
何をするのか」が理解可能であるべきです。もし、ドキュメンテーションをコー
ドと同じ抽象度・粒度で書くと、ドキュメンテーションを読むこととコードを読
むことが、実質的に変わらなくなってしまいます。コードの理解を容易にするた
めには、概要を最初の文で説明する必要があります。そのため、ドキュメンテー
ションではコードの構造を再構成し、抽象度を高める必要があります。

●アンチパターン4：概要について書かない

[コード3-7]のドキュメンテーションは例外的な動作を説明しているため、今ま
でのアンチパターンと異なり、意味のある情報を提供してはいます。しかし、こ

のドキュメンテーションを読んでも、このメソッドが通常何をするのかを理解することができません。

コード3-7　❌ BAD　例外的な動作だけを説明しているドキュメンテーション

```
/**
 * 与えられたキーワード［keyword］が空文字列の場合は、例外を投げる。
 */
fun getDescription(keyword: String): String
```

　コードを理解しやすくするためには、例外的な動作や境界条件などの細かい仕様を先に書くよりも、本来行いたい動作の概要を先に書くべきです。この例の場合は、空文字列でないキーワードが与えられた場合の動作を先に書く必要があります。

● **アンチパターン5：実装の詳細に言及する**
　ドキュメンテーションを書く際には、「それを読む人が実装の詳細を知っていること」を前提にしてはいけません。コードの詳細を知っているならば、そもそもドキュメンテーションを読む必要がないからです。**[コード3-8]** のドキュメンテーションは、パブリックなメンバの説明にプライベートなメンバを使っています。そのため、コードの概要を理解するには実装の詳細まで調べる必要があります。

コード3-8　❌ BAD　パブリックメソッドの説明にプライベートメンバを使っている
　　　　　　　　　　　ドキュメンテーション

```
/**
 * プライベートメンバの［dictionary］が保持している文字列を返す。
 */
fun getDescription(keyword: String): String
```

　このアンチパターンを避けるために、次の「よくないこと」を行っていないか確認しましょう。

- よりアクセス制限の強い要素を使って説明する：パブリックメンバの説明に
  プライベートメンバを使うなど
- 抽象クラスやそのメンバの説明に具象クラスを使って説明する：インターフェ
  イスの説明に継承クラスを使うなど

　特に、抽象クラスの説明に具象クラスを使ってしまうと、その具象クラスに変
更があった場合や、新たな具象クラスが追加された場合に、抽象クラスのドキュ
メンテーションが不正確になりがちです。

●アンチパターン6：コードを使う側に言及する

　ドキュメンテーションが説明する範囲は、その宣言・定義の範囲に閉じている
べきです。言い換えると、そのコードを使う側（参照元・関数の呼び出し元）に言
及するべきではありません。[コード3-9]のようなドキュメンテーションは避けま
しょう。

コード3-9　 ✖ BAD 　「誰が呼び出すか」に言及したドキュメンテーション

```
/**
 * ...(概要)...
 * この関数は [UserProfilePresenter] によって使用される。
 */
fun getDescription(keyword: String): String
```

　使用する側のコードに言及することで、保守性について深刻な問題を抱えるこ
とになります。getDescription の仕様を変えた場合では、そのドキュメンテー
ションを同時に更新することは簡単です。一方で、getDescription を使うコー
ドが新規に追加・削除される度に、ドキュメンテーションも更新するのは容易で
はありません。他のモジュールやレポジトリでも getDescription が使用さ
れる状況を想像すれば、ドキュメンテーションの更新が現実的でないことが想像
しやすいでしょう。その結果、使用する側のコードに言及した部分は、実際のコー
ドと一致していない、つまりobsoleteな説明になってしまいます。

　呼び出し元に言及することには、「不要に強い依存関係を作りかねない」とい

うもう1つの問題があります。その言及が、呼び出し元を確定してしまうがために、呼び出し元の制約に依存したコードが呼び出し先に書かれる可能性があるのです。[コード3-9] で言うと、もし `UserProfilePresenter` が特定のキーワードしか渡さないならば、`getDescription` はそれを前提とした実装になってしまうかもしれません。これは新たに `getDescription` を呼び出すコードが増えたとき、バグの原因になります。

3-2-2　ドキュメンテーションの構成

　ここまで、ドキュメンテーションを書く上でのアンチパターンを取り上げてきました。これらのアンチパターンから、ドキュメンテーションに何が必要かが学べます。

- コードが何であるのか・何をするのかを最初に簡潔に説明する
- 抽象度や粒度をコードよりも高く保つ
- 実装の詳細やコードを使う側に言及しない

　一方で、ドキュメンテーションの説明を十分かつ理解しやすいものにするためには、例外的な状況や制約、基本的な使い方などの説明が必要なときもあります。そのため、ドキュメンテーションの構成としては、まず最初に**要約**を書き、その後に**詳細**で補足をするとよいでしょう。要約では、まずそのコードが何であるのか・何をするのかを簡単に説明します。詳細は要約の後ろに書き、そこで仕様の詳細や補足事項について説明します。このような構成にすることで、コードをトップダウンに理解できるドキュメンテーションが書けます。

　次節以降では、この要約と詳細をどう書けばよいのかについて解説します。

3-2-3　ドキュメンテーションの要約

　要約では、そのクラス・関数・変数が、何をするのか・何であるのかを簡単に説明します。ドキュメンテーションツールによっては、要約が特別に扱われることもあります。例えばJavadocで出力されたAPIリファレンスでは、メソッド一覧の見出しとして要約のみが表示され、その下の各メソッドの解説としてドキュメンテーション内のすべてが表示されます。

どの部分が要約と認識されるかは、ドキュメンテーションツールによります。Javadocでは最初の1文、つまり最初のピリオド[*1]の出現位置までが要約になります（[コード3-10]）。KDocでは、最初の空行が出現するまでが要約になります（[コード3-11]）。

コード3-10 Javadocにおける要約の区別

```
/**
 * この文は Javadoc における要約. 2文目以降 (ピリオド後) は詳細になる.
 * つまり、この文も詳細.
 */
```

コード3-11 KDocにおける要約の区別

```
/**
 * この文は KDoc における要約. 2文目のこの文も要約.
 *
 * 空行を挟んだ後は詳細になる. つまり、この文も詳細.
 */
```

●**要約の文法**

要約を書く際の文法については、ドキュメンテーションツールや規約で規定されているならば、それらに従いましょう。例えばOracleのJavadocスタイルガイドでは、要約は完全な文と句のどちらで書いてもよいとされています[*2]。

もし、コーディング規約で規定されていない場合は、標準ライブラリ・APIのリファレンスの形式に倣うとよいでしょう。Kotlin・Java・Swift・Objective-Cの標準ライブラリや標準APIの英語版ドキュメントでは、要約の最初の文は基本的に次の形式になっています。

[*1]　ロケールの設定によって異なります。

[*2]　https://www.oracle.com/technical-resources/articles/java/javadoc-tool.html#styleguide

- **クラス・変数：名詞句**
  KotlinのListクラスの例："A generic ordered collection of elements."*³

- **関数：三人称単数形の動詞から始まり、主語を省略した不完全な文**
  SwiftのArrayのappendメソッドの例："Adds a new element at the end of the array."*⁴

　ただし、関数の中でも抽象メソッドについては、「何をするのか」が継承先でしか決められない場合があります（コールバックインターフェイスなど）。その場合は、要約の最初の単語として動詞の過去分詞などが使えます。例えば、onClicked... のように「いつ呼ばれるか」しか決まっていない関数については、要約の書き出しを「Called when ...」や「Invoked if ...」のように書けます。

　要約を日本語で書く場合でも、英語と同様のルールを定めることができます。ただし、日本語固有の文法として、常体（普通体、だ・である調）と敬体（丁寧体、です・ます調）がある点に注意をしてください。コーディング規約として常体と敬体のどちらか一方を指定し、プロダクト内で統一するべきです。常体と敬体それぞれにおける、クラス・変数と関数の要約の形式例を以下に挙げます。

常態（[コード3-12]）
- クラス・変数：名詞句
- 関数：主語がなく、動詞の終止形で終わる文

敬体（[コード3-13]）
- クラス・変数：名詞句＋「です」
- 関数：主語がなく、動詞の連用形＋「ます」で終わる文

---

*3　https://kotlinlang.org/api/latest/jvm/stdlib/kotlin.collections/-list/#list
*4　https://developer.apple.com/documentation/swift/array/3126937-append

コード 3-12 常体を使ったドキュメンテーションの例

```
/**
 * キーワードとそれに対応する説明を、
 * それぞれ文字列として保持する辞書クラス。
 *
 * ...(詳細: 基本的な使い方などを書く)...
 */
class Dictionary {

    /**
     * [registerDescription] で登録済みの、
     * [keyword] に対する説明を取得する。
     *
     * ...(詳細: 未定義の場合どうするかなどを書く)...
     */
    fun getDescription(keyword: String): String { ... }
}
```

コード 3-13 敬体を使ったドキュメンテーションの例

```
/**
 * キーワードとそれに対応する説明を、
 * それぞれ文字列として保持する辞書クラスです。
 *
 * ...(詳細: 基本的な使い方などを書く)...
 */
class Dictionary {

    /**
     * [registerDescription] で登録済みの、
     * [keyword] に対する説明を取得します。
     *
     * ...(詳細: 未定義の場合どうするかなどを書く)...
     */
    fun getDescription(keyword: String): String { ... }
}
```

　日本語のコメントでも英語の場合と同様に、親クラス側で動作が決まらない抽象メソッドについては、受け身の表現を使うと書きやすいです。具体的には、受け身の助動詞「れる」・「られる」が使えます。

日本語固有のもう1つの選択肢として、句読点の組み合わせがあります（例：ピリオド「.」と句点「。」）。前述のとおり、Javadocなどの一部のドキュメンテーションツールでは、ピリオドによって要約の終端を識別しています[*5]。それを踏まえた上で、句読点の組み合わせを規定する必要があります。

● **要約で説明する内容**

要約では、そのコードが何であるのか・何をするのかを端的に書きます。しかし、詳細まで書かれているコードを、抽象度の高い自然言語に再構成するのは容易ではありません。ここでは要約を書きやすくするための、2つのテクニックを取り上げます。

テクニック1：重要なコードを見つける

1つ目のテクニックは、コードの中で一番重要な要素を見つけ、それをもとに要約を構成することです。[コード3-14]の関数を使って、その手順を説明します。

コード3-14　テクニック1のサンプル

```
fun ...(user: UserModel) {
    if (!user.isValid) return
    val rawProfileImage = getProfileImage(user.id, ...)
    val roundProfileImage = applyRoundFilter(rawProfileImage, ...)
    profileView.setImage(roundProfileImage)
}
```

この関数の各行で行っていることは、以下のとおりです。

- ユーザのモデルオブジェクトが無効ならリターンする
- ユーザのIDを使ってプロフィール画像を取得する
- プロフィール画像を円形にカットする
- プロフィール画像をビューに表示する

[*5]　ロケールの設定によって異なります。

この中で、最も重要な行は最後です。この関数の目的は、プロフィール画像を表示することであって、他の行はそのための前処理に過ぎません。この最後の行を使って要約の骨組みを作ると、[コード3-15]のようになります。

コード3-15　要約の骨組み

```
/**
 * プロフィール画像を表示する。
 */
```

　「プロフィール画像を表示する」ことが最も重要であることから、関数の名前も同じようになるでしょう。ただ、このままでは、関数の名前とドキュメンテーションとで説明していることが同じになってしまうので、もう少し要約に補足を加えましょう。今回の例で言えば、以下のようなことが補足説明の候補になりえます。

- どんなプロフィール画像か：対象のユーザ・画像の形式や解像度・画像のデータソース
- どう表示するか：画像の加工・表示するビューの種類
- 条件はあるか：有効なユーザの条件・有効なビューの条件

　「対象のユーザ」と「画像の加工」について補足した場合は、要約は[コード3-16]のように書けます。

コード3-16　**●GOOD** 要約に説明を補足した例

```
/**
 * 与えられたユーザ［user］に対応するプロフィール画像を、
 * 円形にトリミングして表示する。
 */
```

　ここまで、関数の要約の書き方を説明しましたが、クラスや変数に対しても同じ方法が使えることがあります。クラスの場合は、そのメンバ（メソッド・フィー

ルド・プロパティなど)を列挙した後、重要なメンバは何かを考えるとよいでしょ
う。変数の場合は、それを定義・更新しているコードを列挙し、それをヒントに
することでその値が「何であるのか」が見えてくることがあります。

テクニック2：コードの共通点を見つける

2つ目のテクニックは、コードの共通点を探して抽象化することです。関数に
よっては、重要度が同じぐらいのコードが続くことがあります。その場合に、1
つの要素を取り出して要約を書くと、かえって誤解を招くドキュメンテーション
になりかねません。これを、[コード3-17]の関数を使って説明します。

コード3-17　テクニック2のサンプル

```
fun ...(receivedMessage: MessageModel) {
    contentTextView.text = receivedMessage.contentText
    senderNameView.text = receivedMessage.senderName
    timestampView.text = receivedMessage.sentTimeText
}
```

[コード3-17]では、受信メッセージのモデルを使って、本文テキストcontent
TextView ・送信者名 senderNameView ・送信時刻timestampView の3つの
表示を更新しています。強いて言えば、contentTextView の更新が最も重要
そうですが、それだけを取り上げて要約を書くと、[コード3-18]のように誤解を
招く表現になります。

コード3-18　**✘ BAD** 1つの要素を使って無理に書かれた要約

```
/**
 * 受信したメッセージ [receivedMessage] の本文テキストを表示する。
 */
```

この要約では、まるで送信者名や送信時刻は更新されないように読み取れてし
まいます。これを修正するには、「本文テキストを表示」の抽象度を上げて「送信
者名」と「送信時刻」が含まれるようにするか、要素をすべて列挙するとよいで

しょう。[コード3-19] は、その2つの改善案の両方を適用した例です。他の選択
肢として、列挙の部分は要約には含めず、詳細の文で説明する書き方もよさそう
です。

コード3-19　**◯GOOD** コードの共通点を使って書かれた要約

```
/**
 * 受信したメッセージ [receivedMessage] で、
 * 表示レイアウト (本文テキスト・送信者名・送信時刻)を更新する。
 */
```

　このテクニックも、関数だけではなくクラスや変数の要約に対して適用するこ
とができます。重要なコードを見つける場合と同様に、クラス内のメンバを列挙、
もしくは変数を定義・更新するコードを列挙した上で、それらの共通点を探すと
よいでしょう。

3-2-4　ドキュメンテーションの詳細

　要約で説明が不足している場合、より詳しく説明する文 (詳細) を追加するこ
とがあります。これは、すべてのドキュメンテーションに必須というわけではあ
りませんが、注意するべき細かい仕様や、より理解しやすくするための補足があ
る場合に書くとよいでしょう。詳細は要約と異なり、完全な文を使って書かれる
のが普通です。また、詳細を日本語で書く場合は、常体・敬体および句読点の形
式を、要約と揃えましょう。
　詳細で書くべき内容は多岐にわたりますが、ここでは以下の3つを紹介します。

- 基本的な使い方
- 戻り値の補足
- 制約やエラー時の動作

●基本的な使い方

　要約ではそのコードが「何であるか・何をするのか」について書きますが、そ
の使い方を詳細で補足することで、開発者が簡単にそのコードを使えるようにな

ります。例えば、「メッセージ」を画面に表示するためのプレゼンテーションクラス `MessageViewPresenter` を作ったとしましょう。このクラスドキュメンテーションの要約では、「メッセージを表示するためのクラス」ということを書き、詳細でその使用方法を書けばよいでしょう（**[コード 3-20]**）。

コード 3-20 🅞**GOOD** 詳細で使用法を説明しているドキュメンテーション

```
/**
 * メッセージの内容（本文テキスト・送信者名・送信時刻）を
 * レイアウトにバインドして表示するプレゼンテーションクラス。
 *
 * メッセージのモデル [MessageModel] を [updateLayout] に渡すと、
 * すべての表示内容が更新される。
 */
class MessageViewPresenter(messageLayout: Layout)
```

　このように、どれが主たるメソッドかをクラスのドキュメンテーションとして示すことで、クラス全体の理解を簡単にすることができます。もちろん、メンバのより詳しい仕様については、クラスのドキュメンテーションに書くよりも、それぞれのメンバのドキュメンテーションとして書くのが適切です。

　使い方を示す場合は、実引数・代入する値・サンプルコードなど、具体的な例を用いてもよいでしょう。**[コード 3-21]** では、関数の動作を把握しやすくするために、実引数とそれに対応する戻り値の例を使っています。

コード 3-21 🅞**GOOD** 詳細で実引数と戻り値の例を示しているドキュメンテーション

```
/**
 * 与えられた文字列をカンマ `","` 区切りで分解し、文字列のリストとして返す。
 *
 * 例えば `"a, bc ,,d"` を引数として与えると、
 * `listOf("a", "bc", "", "d")` を返す。
 */
fun splitByComma(string: String): List<String> = ...
```

　値やサンプルコードといった具体例を使うことで、境界条件や特殊な値の処理

方法などを直感的に理解できるようになります。**[コード3-21]** の場合、`splitByComma` という関数名だけでは、「カンマ前後のスペースは残るのか・消されるのか」や「カンマ間に文字がない場合に空文字列の要素ができるのか・省略されるのか」といった細かい仕様が分かりません。しかしそこで、それらの挙動が理解できるような実引数 `"a, bc ,,d"` を例に使うことで、細かい説明やコードの詳細を読む必要がなくなります。

●戻り値の補足

　副作用を持つ関数を作った場合、基本的には、その副作用が何か分かるように関数の名前を決めます。したがって、もし関数が副作用と戻り値の両方を持つならば、関数名で戻り値について説明することは難しくなります。**[コード3-22]** の関数 `setSelectedState` は、「状態を更新する」点に着目して命名されていますが、同時に真偽値の戻り値も持っています。

コード3-22　状態を変更しつつ戻り値を返す関数

```
fun setSelectedState(isSelected: Boolean): Boolean { ... }
```

　多くのプログラミング言語で戻り値の名前を宣言することはできないので、戻り値の意味が曖昧になることがあります。例えば `setSelectedState` の戻り値の意味は、以下のどれかの可能性があります。

- `isToggled`：関数呼び出し前後で状態が異なる場合に `true`
- `wasSelected`：関数呼び出し前の状態を返す
- `isSuccessfullyUpdated`：関数が正常に終了した場合に `true`
- `isSelected`：引数の `isSelected` をそのまま返す

　このような場合は、戻り値についてドキュメンテーションで説明するべきです。要約の中で戻り値の説明ができればよいのですが、やはり、要約では副作用について中心的に書くべきです。もし、要約で戻り値について言及する余裕がない場合、**[コード3-23]** のように詳細の文として説明するとよいでしょう。

コード3-23 　**○GOOD** 戻り値について説明している詳細の文

```
/**
 * ...(要約)...
 *
 * また戻り値は、この関数が呼ばれる前の選択状態を意味する。
 */
fun setSelectedState(isSelected: Boolean): Boolean
```

　また、戻り値の取りうる範囲が限定される場合、それについてもドキュメンテーションで補足するとよいでしょう。これも要約で言及することが難しいならば、[**コード3-24**]のように詳細の文を使うことができます。

コード3-24 　**○GOOD** 戻り値の制約について説明している詳細の文

```
/**
 * ...(要約)...
 *
 * 返される値は \[0.0, 1.0\] の範囲であることが保証される。
 */
fun getDownloadProgress(): Float
```

　同様のことは、クラスや変数が取りうる状態についても言えます。例えば、`val downloadProgress: Float` というプロパティがあり、それが 0.0 〜 1.0 の範囲にあることが保証できるならば、ドキュメンテーションでそのことに言及するとよいです。

　上記の例では、戻り値についてコメントの文で説明していますが、ドキュメンテーションツールが対応しているなら、`@return` といったタグを使ってもよいでしょう。ただし、Kotlinの標準の規約では、可能ならタグよりも文で説明するべきと規定しています[*6]。

● **制約や例外的な動作**

　関数によっては、正しく使用するために、呼び出し時の状態に制約を課してい

[*6]　https://kotlinlang.org/docs/coding-conventions.html#documentation-comments

るものもあります*7。例えば、動画を再生する VideoPlayer というクラスがあるとしましょう。VideoPlayer は動画を再生(play)したりシーク(seek)するメソッドを持ちますが、これらを呼び出す前に、prepare というメソッドで動画ファイルをロードする必要があるとします。このようにメソッド呼び出しの制約がある場合、クラスやメソッドのドキュメンテーションとして明示されるべきです。また、制約を違反した場合に何が起きるかも書く必要があります。[コード3-25]では、クラスドキュメンテーションの詳細の部分を使って、play・seek 呼び出しの制約と、違反した場合の挙動を説明しています。

コード3-25 **○GOOD** 呼び出し時の状態の制約を説明するドキュメンテーション

```
/**
 * ...(要約)...
 *
 * ...(再生方法についての詳細など)...
 * [play] や [seek] を呼び出す前には、
 * [prepare] で動画ファイルをロードする必要がある。
 *
 * [prepare] せずに [play] や [seek] が呼び出された場合は、
 * 例外 [ResourceNotReadyException] を投げる。
 */
class VideoPlayer(videoPath: String)
```

　レシーバの状態だけでなく、実引数に制約が課されていることもあります。[コード3-26]の valueAt という関数は、基本的には position の値が特定の範囲に入っていることを期待しています。要約の部分では、position が範囲内のときの動作を中心に説明するので、範囲外についても記述しようとすると長くなりすぎるかもしれません。その場合、範囲外の position に対する挙動については、詳細の文で説明するとよいでしょう。

---

*7　本来ならば、制約のある関数を作ること自体を避けるべきです。詳しくは6-2-1「内容結合」を参照してください。

コード 3-26 **○GOOD** 実引数の制約を説明するドキュメンテーション

```
/**
 * ...(要約)...
 *
 * リストの範囲外の `position` が与えられた場合は、`null` を返す。
 */
fun valueAt(position: Int): T?
```

　関数呼び出し時の状態や実引数の他にも、コード使用時に特に気をつけるべき点がある場合は、それについてドキュメンテーションで明記しておきましょう。注意するべき点の例を、以下に列挙します。細かい点については基本的に、要約ではなく詳細で書くことが好ましいです。

- インスタンスが有効な生存期間
- 関数呼び出し時のスレッド
- 再入可能性や実行後の再呼び出し
- 実行時間・消費メモリ・その他の使用リソース
- 外部環境（ネットワーク・ローカルストレージなど）

3-3 │ 非形式的なコメント

　[コード 3-1] で示したとおり、非形式的なコメントは定義・宣言時以外にも書きます。JavaやKotlinの場合は、 `//` コメント や `/* コメント */` の形で書かれます。非形式的なコメントも、ドキュメンテーションと同様にコードの理解を助けたり、誤解を防いだり、リファクタリングを容易にするためのものです。ただし、両者の役割は以下のように異なります。

- ドキュメンテーション：コードの中身を読まずとも概要を理解するためのコメント
- 非形式的なコメント：コードを読む際に補助をするためのコメント

　この役割の違いから、非形式的なコメントには要約が必須ではないことが分か

ります。「そのコードが何であるか」の説明を省略し、コードを書いた背景や理由、注意点だけを書くこともあります。

　また、非形式的なコメントはその名のとおり、ドキュメンテーションのような書式を持っていません。したがって、非形式的なコメントで書く内容も多岐にわたります。ここでは、「大きなコードの分割」と「非直感的なコードの説明」の2つの使い方について説明します。

3-3-1　大きなコードの分割

　原則としては、大きなコードは別のクラスや関数として抽出・分割するべきですが、ただ闇雲に分割すればよいというわけではありません。あるコードのまとまりを他のコードから見えないようにしておきたいという理由や、現状のコードが関数の分割を行うほどには大きくないという理由で、コードを分割したくないときもあるでしょう。そのような場合は、[コード3-27]のように空行を使うことで、1つの関数中に複数のコードのまとまりを作ることができます。

コード3-27　空行を用いて関数内にコードのまとまりを作る例

```
fun ...() {
    val messageCache = ...
    val messageKey = ...
    val messageModel = messageCache[messageKey]

    if (messageModel == null || ...) {
        ...
        ...
        ...
    }
}
```

　このコードでは、空行の上側のコードで messageModel を取得し、空行の下側のコードでそれを使っていると考えられます。下側の if のブロック内に、この関数で最も重要なコードがあると予測できるでしょう。しかし、if の条件 messageModel == null が何を意味するのかについては、直感的には分かりづらいです。さらに、重要なコードが if のブロックの中に入っているので、

このコードを斜め読みで理解するのは難しいでしょう。このように、コードのまとまりを作ったとしても斜め読みしにくい場合、コードのまとまりごとに非形式的なコメントを書くとよいでしょう。**[コード3-28]** では、2つのまとまりそれぞれに、そのコードの要約を書いています。

コード3-28　**⭘GOOD** コードのまとまりにコメントを追加する例

```
fun ...() {
    // メッセージモデルをキャッシュから取得する。
    val messageCache = ...
    val messageKey = ...
    val messageModel = messageCache[messageKey]

    // メッセージモデルのキャッシュが存在しないなら、データベースから取得する。
    if (messageModel == null || ...) {
        ...
        ...
        ...
    }
}
```

　非形式的なコメントで要約を書く場合は、ドキュメンテーションの要約と同様、コメントの抽象度を高く、粒度を粗く保つことが重要です。もし、コードと同じ抽象度や粒度で書いてしまうと、それは単なるコードの自然言語への直訳となってしまい、コードを理解する手助けになりません。

　また、このようなコメントを書くことで、リファクタリングのヒントが得られるかもしれません。上の例では、このコメントによって、「messageModel == null の意味が理解しにくいから、// メッセージモデルのキャッシュが存在しないなら... と書かなくてはならない」という点が明確になります。そこで、messageModel という名前を cachedMessageModel に変えることで、可読性が改善されることに気づけます。このような可読性の改善によって、コメントを消しても問題ないコードになれば、それは最高の結果だと言えます。

3-3-2　非直感的なコードの説明

　直感的に理解できないコードがある場合、非形式的なコメントで補足をすることで、可読性を大きく改善することができます。誤解を生みやすいコードに対して注意点を明確にしたり、考えないと理解できないコードに対して説明を追加するとよいでしょう。特に、放置すると誰かが間違った方法でリファクタリングしてしまいそうな場合には、コメントで注意を促す必要があります。

　[コード3-29] は文字列を置換するコードですが、非直感的な要素を含んでいます。この例を使って、どのようなコメントが必要になるかを説明します。

コード3-29　文字列を置換するコード

```
class WordReplacementEntry(
    val startIndex: Int,
    val endIndex: Int,
    val newText: String
)

fun ...() {
    val stringBuilder: StringBuilder = ...
    val entries: List<WordReplacementEntry> = ...

    for (entry in entries.reverse()) {
        stringBuilder.replace(entry.startIndex, entry.endIndex, entry.newText)
    }
}
```

　このコードは `stringBuilder` 内の文字を `entries` を使って置換します。各エントリは `startIndex`・`endIndex`・`newText` の3つの値で構成され、「`startIndex` から `endIndex` の範囲を `newText` に置換する」ことを意味します。つまり、`"foo"` に対して `WordReplacementEntry(0, 1, "b")` を適用すると、`"boo"` になることを期待しています。ここで注目するべきなのは、`for` 内の `reverse` です。なぜここで `reverse` を呼び出す必要があるかは、直感的には理解しにくいはずです。

　ここで `reverse` を呼ばなければならないのは、次の2つの隠れた条件があるからです。

- entries は startIndex で昇順にソートされている
- 置換前後で文字列の長さは変わりうる

　具体的な値の例を用いて少し詳しく説明します。stringBuilder の初期値と entries が、[コード3-30]のような値だとします。

コード3-30　stringBuilder と entries の値の例

```
val stringBuilder = StringBuilder("Unreadable.")
val entries = listOf(
    WordReplacementEntry(0, 3, "R"),
    WordReplacementEntry(10, 11, "!"),
)
```

　この例では、"Unreadable." の最初の3文字 "Unr" を "R" に、最後の1文字 "." を "!" にそれぞれ置換し、結果は "Readable!" になることを期待していると想像できます。このとき、(10, 11, "!") より先に (0, 3, "R") で置換すると、文字列は長さ9の "Readable." になります。これでは、続けて (10, 11, "!") で置換できません。置換同士が干渉しないようにするには、文字列の後ろから置換する必要があります。ここに、reverse を呼び出さなければならない理由があります。これを説明するために、[コード3-31]のようなコメントを追加するとよいでしょう。

コード3-31　**◎GOOD**　reverse が必要な理由を説明するコメント

```
// 置換エントリが "startIndex" で昇順に並んでいるので、
// "reverse()" を呼ぶ必要がある。昇順のままでは、
// 置換前後で文字列の長さが変わる場合に、後続の置換のインデックスがずれる。
for (entry in entries.reverse()) {
```

　この説明だけでは何が起きているのか理解しづらいため、[コード3-30]のような具体的な値を例にとって、コメントで説明することも考えられます。しかし、関数中のコメントが極端に長くなると、関数全体の流れが読みにくくなる危険性

もあります。一方、単に「reverse を削除してはいけない理由がある」ことが分かるだけでも、コメントとしての価値は十分にあります。最低限防ぐべきことは、reverse の呼び出しが意味がないものと勘違いして、間違ったリファクタリングが行われた結果、バグを発生させることです。コメントの長さや詳しさについては、そのコードを理解することの重要性や、他のコードの可読性への影響を踏まえて、バランスをとる必要があります。

　もう1つ、直感的に理解できないコードの典型的な例として、使用しているライブラリやプラットフォームの問題を回避するためのコードが挙げられます。このような問題回避コードも、それが必要になる理由を理解するのは困難です。その問題回避コードが不要であると勘違いされ、削除されることを防ぐためにも、[コード3-31]と同じようなコメントを書き、理由を説明する必要があります。このような場合は、すべての詳細をコメントだけで説明する必要はなく、イシュー管理・タスク管理システムのチケット番号や、詳細が書かれたドキュメントへのリンクなどを活用することで、コメントの内容を簡略化できます（[コード3-32]）。ただし、チケット番号やリンクだけを書いて、コメントで一切説明をしないことは避けるべきです。コメントで簡単な説明を書き、詳しく知りたい場合はチケット番号やリンクを参照できるようにしましょう。

コード3-32　**○GOOD**　イシュー管理システムのチケットを書いたコメント

```
// `foo` の呼び出しは Device-X 固有の色表示問題の回避のため
// （詳しくは ISSUE-123456 を参照）
```

3-4 ｜ まとめ

　本章ではコメントについて、主にドキュメンテーションと非形式的なコメントの書き方を解説しました。ドキュメンテーションは定義や宣言に書くコメントで、コードの詳細を読まずとも概要を理解できるようにするためのものです。ドキュメンテーションには、そのコードが何であるか・何をするのかを説明するための要約が必須であり、細かい制約や使い方の例などは詳細の文として記述します。一方で非形式的なコメントは、コードを読み進める補助の役割を持ち、大きな

コードの分割や非直感的なコードの説明のために書かれます。非形式的なコメントを書くことで、コードの斜め読みを可能にしたり、間違ったコードの変更を防ぐことができます。

第 **4** 章

状態

　無駄な状態数を削減したり、状態遷移を単純にしたりすることは、動作の見通しを改善する上で重要です。そしてそれは、コードの頑健性の向上にも寄与するでしょう。典型的な例としては、可変な値を不変な値に置き換えたり、副作用のない関数を使うことなどが挙げられます。

　ただし、不変な値や副作用のない関数を使うことは、あくまでも可読性・頑健性の向上のための手段であり、それら自体を目的にしてはいけません。この章ではまず、「可変な値を使った方が、かえって直感的なコードが書けることもある」ことを例示します。それを踏まえた上で、可読性と頑健性の向上に有用な**複数の変数間の直交性**と**状態遷移の設計**の2つの概念を解説します。

4-1 可変な値の方が有用なケース

　基本的には不変な値を使い、無駄な状態や状態遷移をなくすことが好ましいのですが、何が最適かは柔軟に考えるべきです。ここでは、可変な値を使った方が直感的なコードになる例を、二分木の幅優先探索を使って説明します。[コード4-1] では、二分木のノードを定義しています。left と right の型 Node? は

null を許容する Node を意味します。つまり、各ノードは整数の値に加えて、左右それぞれに子ノードを持つことがあります。その例を**[図4-1]**で示します。

コード4-1 二分木のノードの定義

```
class Node(val value: Int, val left: Node?, val right: Node?)
```

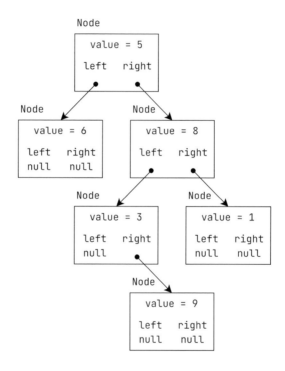

図4-1 二分木の例

　ではこのノードで作られた二分木に対する幅優先探索を、可変なキューを用いる方法と、不変なリストと再帰呼び出しを用いる方法の2つで実装してみます。まず、可変なキューを用いた実装は、**[コード4-2]**のようになります。引数の valueToFind には探索したい値を、root には二分木の根となるノードを与えます。

コード 4-2 可変なキューを用いた幅優先探索の実装

```kotlin
fun search(valueToFind: Int, root: Node): Node? {
    val queue = ArrayDeque<Node>()
    var node: Node? = root
    while (node != null && node.value != valueToFind) {
        node.left?.let(queue::add)
        node.right?.let(queue::add)
        node = queue.poll()
    }
    return node
}
```

　このアルゴリズムでは、まずキューの先頭からノードを1つ取得します。もし、取得したノードが子ノードを持つときは、その子ノードをキューの末尾に追加します。そして、`while` の条件式によって、目的の値が見つかるか、キューが空になった場合に関数を終了させます。キューが空になった場合は、すべてのノードの探索が完了したが、目的の値が見つからなかった状況を意味します。この関数を実行中、`node` の参照先と `queue` の内部の状態は変化し続けます。

　一方で、不変なリストと再帰呼び出しを用いた実装は、[コード4-3] のようになります。この実装では、1回の関数呼び出し中、すべての引数・ローカル変数の参照や参照先の内部状態を不変にできています。

コード 4-3 不変なリストと再帰呼び出しを用いた幅優先探索の実装

```kotlin
fun search(valueToFind: Int, root: Node): Node? =
    innerSearch(valueToFind, listOf(root))

private tailrec fun innerSearch(valueToFind: Int, queue: List<Node>): Node? {
    val node = queue.firstOrNull()
    if (node == null || node.value == valueToFind) {
        return node
    }

    val nextQueue = queue.subList(1, queue.size) +
        (node.left?.let(::listOf) ?: emptyList()) +
        (node.right?.let(::listOf) ?: emptyList())
    return innerSearch(valueToFind, nextQueue)
}
```

基本的には、この実装と可変なキューを用いる実装の動作は同じです。つまり、目的の値が見つかるか、すべて探索するまでノードを遷移していきます。異なる点は、リストを不変にするために、再帰呼び出しを使うことで状態遷移を行っていることです。

　この2つを比べた場合、可変なキューを用いる[コード4-2]の方が、読みやすいと感じる人が多いのではないでしょうか。[コード4-3]が読みにくい理由には、以下の2点が考えられます。

- 外部から queue を渡せないようにするため、外部公開する関数 search と再帰呼び出しの関数 innerSearch を分ける必要がある。
- innerSearch の引数 valueToFind と queue について、呼び出しごとに値が異なるのか、同じ値が使われるのかが分からない。

　引数の値に着目すると、再帰中に valueToFind の値は変わらず、queue の値は変化することがわかります。しかし、コードの中身を読まずにそれを確認する方法はありません。仮に valueToFind が再帰中に変わらないことを明示しようとすると、ローカル関数[*1]などが必要になります。ただしローカル関数を使うと関数定義がネストするため、関数の流れをトップダウンに理解しにくくなるという難点もあります。

　ここでは再帰呼び出しが不利になるように、二分木の幅優先探索を恣意的に例として取り上げました。もし、深さ優先探索の例を用いていたら、再帰呼び出しを使っても簡単に実装できたでしょう。この例で主張したかったことは、実装する対象によっては、可変な状態や副作用を使った方が、可読性の面では好ましいということです。ループを実装するために再帰呼び出しや畳み込み関数（fold や reduce など）を利用したい場合、それらはあくまでも可読性や頑健性を向上する手段として使いましょう。また、局所的な不変性や副作用だけに着目せず、コード全体における状態数や遷移の複雑さを確認することも重要です。

---

*1　関数内に定義された関数のことです。

4-2 | 複数の変数間の直交性

　この節では、2つの変数の関係を表すものとして**直交**という概念を導入します。2つの変数に関連がない場合や、変数の値が互いに影響を与えない場合は、変数の関係は直交になります。クラスやモジュールを定義する際、変数の関係が直交になるように状態を設計することが望ましいです。直交でない（**非直交の**）関係を放置すると、不正な状態を作る原因となり、可読性や頑健性を損ないかねません。この節では、最初に直交の定義と解説を行い、次に非直交な関係を排除する手法として**関数による置き換え**と**直和型による置き換え**の2つを紹介します。

4-2-1　直交の定義

　まず、「2つの変数の関係が**直交**である」ということを、以下のように定義します。

　　2つの変数について、それぞれの値の取りうる範囲（変域）がもう一方の値に影響されない場合、それらの変数は互いに直交の関係にある。

　また、直交でないことを**非直交**と定義します。

　この直交の概念をもう少し分かりやすくするために、例を使って説明します。「コイン」というサービス内通貨があり、その所持状況を表示する画面を実装していると想定しましょう（**[図4-2]**）。画面上部には現在所有しているコインの量を表示しておき、その下にはコインの取得・使用の履歴を表示します。コイン履歴には開閉ボタンがあり、履歴を表示したり、隠したりできるものとします。これを用いて、直交の関係と非直交の関係の具体例を示します。

図4-2 コイン所持状況の表示画面

　まず、直交の関係を説明するために、コイン所持状況の画面のクラス Owned
CoinScreen (**[コード4-4]**) を利用します。プロパティの ownedCoins と is
TransactionHistoryShown は、それぞれコインの所持量と履歴の開閉状態
を示しています。このとき、履歴の表示状態がどのような状態であっても、それ
がコインの所持量に関わることはありません。一方で、コインの所持量がどんな
値であっても、履歴は開閉可能であるべきでしょう。したがって、ownedCoins
と isTransactionHistoryShown は、それぞれがどのような値であろうとも、
もう片方の変域には影響しません。このとき、これら2つの変数の関係は直交で
あると言えます。

コード4-4 直交の関係（所持コインと履歴の表示状態）

```
class OwnedCoinScreen {
    private var ownedCoins: Int = ...
    private var isTransactionHistoryShown: Boolean = ...
```

```
    ...
}
```

次に、非直交の関係について、**[コード4-5]** のクラス CoinDisplayModel を用いて説明します。CoinDisplayModel は、コインの数 ownedCoins の他、それを画面に表示するための文字列 ownedCoinText を保持します。つまり、CoinDisplayModel(1, "1 coin") や CoinDisplayModel(2, "2 coins") といったインスタンスが作られることを想定しています。しかし、CoinDisplayModel(3, "10 coins") というインスタンスが作られたならば、それは明確にバグと言えるでしょう。このように、不正な値の組み合わせがある場合、一方の変数の値がもう片方の変域に影響を与えているとみなせます。つまり、これら2つの変数の関係は直交ではありません。

コード4-5 ✕ BAD 非直交の関係（所持コインとその表示テキスト）

```
class CoinDisplayModel(
    val ownedCoins: Int,
    val ownedCoinText: String
)
```

もう1つ、非直交の関係の例を取り上げましょう。コインの所持状況 CoinStatus をサーバに問い合わせる機能を実装したいとします。ただし、CoinStatus の問い合わせは、ネットワークやサーバの問題で失敗する可能性があるとします。また失敗時には、何のエラーが起きたかユーザに表示する必要があり、エラーの種別を保持しておくとします。**[コード4-6]** の CoinStatus Response は問い合わせのレスポンスクラスであり、成功時は coinStatus が非 null になり、失敗時には errorType が非 null になります。

コード4-6 ✕ BAD 非直交の関係（コイン所持状況問い合わせのレスポンス）

```
class CoinStatusResponse(
    /**
     * コイン所持量や使用履歴といった、コイン所持状況を示すモデル。
```

```
     *
     * コイン所持状況の取得に失敗した場合、この値は null になる。
     */
    val coinStatus: CoinStatus?,

    /**
     * コイン所持状況の取得に失敗した場合の、失敗理由を示す値。
     *
     * `coinStatus` の取得に成功した場合はこの値は null になる。
     */
    val errorType: ErrorType?
)
```

この coinStatus と errorType についても、不正な値の組み合わせがあります。もし、coinStatus と errorType の両方が非 null になったり、逆に両方とも null になる場合は、問い合わせが成功したとも失敗したとも言えなくなってしまいます。つまり、coinStatus と errorType の関係も直交ではありません。

非直交の関係を排除することは、可読性と頑健性の高いコードを目指す上で大切です。2つの変数が可変で、それらの値が不正な組み合わせになりうる場合、値を更新する度に組み合わせの正当性を確認する必要があります。その確認を怠ってしまうと、バグを発生させかねません。また、CoinStatusResponse のように変数が不変だったとしても、CoinStatusResponse(null, null) という不正な値の組み合わせが作れてしまう以上、その不正な値の組み合わせをどう処理するかについて考えなくてはいけません。

4-2-2　手法：関数への置き換え

素朴に考えると、変数そのものを削除できれば、同時に非直交な関係も排除できるはずです。その代表的な方法としては、「2つの変数のうち、片方を関数に置き換える」ことが挙げられます。

ただし、関数への置き換えは常にできるとは限りません。まず、置き換えができるかを判断するために、「**従属**の関係」という概念を導入します。**[コード 4-5]** では、コインの所持量 ownedCoins の値が決まると、その表示用の文字列 ownedCoinText の値も決まります。例えば、ownedCoins が 1 ならば、

ownedCoinText は "1 coin" になります。このように、一方の変数 A の値
が確定することによって、もう一方の変数 B の値が確定する場合、「B は A に
従属している」と定義します。

変数 B が変数 A に従属しているならば、A を使った関数で B を置き換える
ことができます。表示用の文字列 ownedCoinText の場合は、**[コード4-7]** のよ
うに getOwnedCoinText という関数で置き換えるとよいでしょう。getOwned
CoinText の戻り値は、関数を呼び出す度に ownedCoins から作られるため、
不正な値になることはありません。

コード4-7 **○GOOD** ownedCoinText の関数への置き換え

```
class CoinDisplayModel(val ownedCoins: Int) {
    fun getOwnedCoinText(): String {
        val suffix = if (ownedCoins == 1) "coin" else "coins"
        return "$ownedCoins $suffix"
    }
}
```

Kotlinの場合は、関数の代わりにコンピューテッドプロパティ val owned
CoinText: String get() = ... を使ってもよいでしょう。

クラスを定義する際は、従属の関係がないように設計するのが理想的ですが、
それが難しい場合もあります。例えば、ownedCoinText の計算のコストが非
常に大きいならば、アクセスの度に計算するのではなく、計算結果を繰り返し使
用したくなるでしょう。それを単純に実現しようとすると、**[コード4-8]** のよう
に2つの値を持つクラスを作ることになり、不正な値の組み合わせを持つインス
タンスを自由に作れてしまいます。

コード4-8 **✕ BAD** 不正な値の組み合わせを持ってしまう実装方法

```
class CoinDisplayModel(
    val ownedCoins: Int,
    val ownedCoinText: String
)

fun getCoinDisplayModel(): CoinDisplayModel {
```

```
    val ownedCoins = ...
    val ownedCoinText = ... // `ownedCoins` を使ってテキストを作成
    return CoinDisplayModel(ownedCoins, ownedCoinText)
}
```

　このような場合は、不正な値の組み合わせを作れないように、インスタンス生
成や状態を更新するインターフェイスを制限するとよいでしょう。[コード4-9]の
ようにインスタンス生成時に計算する方法や、[コード4-10]のようにコンストラ
クタをプライベートにした上でファクトリ関数を用意する方法があります*2。こ
うすることで ownedCoinText の計算を隠蔽することができ、CoinDisplay
Model は直交でない2つの値を持つにもかかわらず、ownedCoinText は
ownedCoins から作られた文字列であることが保証されます。

コード4-9　**○GOOD** インスタンス作成時に ownedCoinText を決定する例

```
class CoinDisplayModel(val ownedCoins: Int) {
    val ownedCoinText: String = ... // `ownedCoins` を使ってテキストを作成
}
```

コード4-10　**○GOOD** ファクトリ関数内で ownedCoinText を決定する例

```
class CoinDisplayModel private constructor(
    val ownedCoins: Int,
    val ownedCoinText: String
) {
    companion object {
        fun create(ownedCoins: Int): CoinDisplayModel {
            val ownedCoinText = ... // `ownedCoins` を使ってテキストを作成
            return CoinDisplayModel(ownedCoins, ownedCoinText)
        }
    }
}
```

ownedCoinText を変数として保持しつつ ownedCoins を書き換え可能に

---

*2　companion object 内の関数は、Javaにおける static メソッドに相当します。

98

したい場合、`ownedCoins` と `ownedCoinText` を同時に更新する関数を用意するとよいでしょう。[コード 4-11] で `ownedCoins` や `ownedCoinText` を更新するためには、`updateOwnedCoinCount` を呼び出す必要があります。そのため、両方の値が同時に、かつ正しい値で更新されることが保証できます*3。

コード 4-11　**○ GOOD**　`ownedCoins` を書き換え可能にした例

```
class CoinDisplayModel {
    var ownedCoins: Int = 0
        private set

    var ownedCoinText: String = createCoinText(ownedCoins)
        private set

    fun updateOwnedCoins(newCoinCount: Int) {
        ownedCoins = newCoinCount
        ownedCoinText = createCoinText(ownedCoins)
    }

    companion object {
        private fun createCoinText(ownedCoins: Int): String = ...
    }
}
```

4-2-3　手法：直和型での置き換え

　2 つの値が従属の関係にないときは、値を関数に置き換える方法は使えません。例えば、[コード 4-6] の `CoinStatusResponse` において、もし `coinStatus` が `null` であった場合、`errorType` が非 `null` であることは確定しますが、具体的な値までは分かりません。逆に、`errorType` が `null` だと分かったとしても、そこから `coinStatus` の値は確定できません。

　このような、直交でも従属でもない関係に対しては、**直和型**（sum type）を使うとよいでしょう。直和型とは、いくつかの型をまとめ、そのどれかひとつの値を持つような型のことです。例えば、`Int` と `Boolean` の直和型を `IntOrBool` と

---

*3　[コード 4-11] では `private set` を使うことで、`ownedCoins` と `ownedCoinText` の値を外部から直接更新することを禁止しています。

すると、`IntOrBool` のインスタンスは `Int` の値か `Boolean` の値の、どちらか一方を持つことになります[*4]。直和型は、Java（15以降[*5]）・Scala・Kotlinにおいて `sealed class` として実現されています。`CoinStatusResponse` をKotlinの `sealed class` を使って書き換えると、**[コード4-12]**のようになります。

コード4-12 **◎GOOD** `sealed class` による `CoinStatusResponse` の実装

```
sealed class CoinStatusResponse {
    /**
     * コイン所持状況の取得が成功したことを意味するレスポンス。
     */
    class Success(val coinStatus: CoinStatus) : CoinStatusResponse()

    /**
     * コイン所持状況の取得が失敗したことを意味するレスポンス。
     */
    class Error(val errorType: ErrorType) : CoinStatusResponse()
}
```

`sealed class` は、子クラスを外部で追加することができないクラスです。`CoinStatusResponse` では、子クラスとして `Success` と `Error` が定義されていますが、外部で勝手に新たな子クラスを追加できません。つまり、`CoinStatusResponse` のインスタンスが渡された場合は、それが必ず `Success` か `Error` のどちらかであることが保証されます。それは同時に、`CoinStatusResponse` が渡されたときは `CoinStatus` と `ErrorType` のどちらか一方を持つことを意味します。このようにして、`CoinStatus` と `ErrorType` の両方を持つ、もしくはどちらも持たないという不正な状態を排除できます。

Java 14以前など、プログラミング言語によっては直和型を表現できない場合があります。その状況で、従属でも直交でもない関係を表すには、直和型に相当する小さなクラスを作るとよいでしょう。そのようなクラスを実装するために

[*4] 直和型においては、同じ型をまとめたとしても、個々の値がどの型に属するかは区別されます。例えば `IntOrInt` という直和型であるなら、左の `Int` と右の `Int` は区別され、「左の `Int` か右の `Int` のうち、どちらか1つの値を持つ型」を意味します。

[*5] Java 15および16では、`sealed class` はプレビュー版として利用可能です。スタンダード版として利用可能なのは、Java 17以降です。

は、直和の対象となる値をすべてフィールドやプロパティとして持たせ、コンストラクタを制限することで実現できます。**[コード4-13]** における CoinStatus Response の実装では、coinStatus と errorType を @Nullable のフィールドとして持ちます。その上で、外部からインスタンスを作る方法を asResult と asError の2つの関数に制限しています。これによって、coinStatus と errorType のどちらか1つが null であり、もう片方が非 null であることを、事実上保証できます。もちろん、フィールドの型としてはこの制約を保証できないため、静的な型検証の恩恵を受けることはできません。それでも、不正な値の組み合わせを考慮しなくてよくなるため、このインスタンスの取り扱いは容易になるでしょう。

コード4-13 **○GOOD** sealed class を用いない場合の CoinStatusResponse の実装
（Java 14）

```java
public class CoinStatusResponse {
    @Nullable private final CoinStatus coinStatus;
    @Nullable private final ErrorType errorType;

    private CoinStatusResponse(
            @Nullable CoinStatus coinStatus,
            @Nullable ErrorType errorType) {
        this.coinStatus = coinStatus;
        this.errorType = errorType;
    }

    ...

    @NotNull
    public static CoinStatusResponse asResult(@NotNull CoinStatus coinStatus) {
        return new CoinStatusResponse(coinStatus, null);
    }

    @NotNull
    public static CoinStatusResponse asError(@NotNull ErrorType errorType) {
        return new CoinStatusResponse(null, errorType);
    }
}
```

従属でも直交でもない関係を表現する際に、一般的な直和型では過剰になる場合もあります。その典型的な例が、真偽値の組み合わせです。

　これを、`CoinStatusResponse` の結果を画面に表示する場合を使って説明します。[**図4-3**] のように、「結果を表示するレイアウト」と「エラーを表示するレイアウト」の2つのレイアウトがあるとします。レスポンスのインスタンスを取得するまでは、どちらのレイアウトも表示されません。レスポンスを受け取ったら、その値に応じて結果のレイアウトかエラーのレイアウトのどちらか一方だけが表示されるという仕様です。

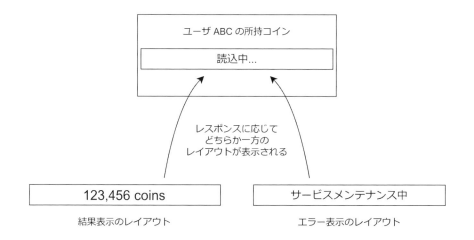

図4-3　`CoinStatusResponse` による画面表示

　これら2つのレイアウトの表示状態を示すために、[**コード4-14**] のように2つの真偽値を持つクラスを使うとします。レスポンスを取得するまでは、どちらのレイアウトも表示しないので、両方の値は `false` です。一方で、レスポンスを受け取った後は、どちらかの値が `true` になります。しかし、両方のレイアウトが同時に表示されることはありえないため、両方が `true` になる組み合わせは不正であると言えます。([**表4-1**])

コード4-14 **✕ BAD** レイアウトの表示状態を2つの真偽値で示すクラス

```
class ShownLayoutState(
    val isResultLayoutShown: Boolean,
    val isErrorLayoutShown: Boolean
)
```

isResultLayoutShown	isErrorLayoutShown	値の組み合わせの正当性
false	false	正当
false	true	正当
true	false	正当
true	true	不正

表4-1 `isResultLayoutShown` と `isErrorLayoutShown` の値の組み合わせ

[コード4-14]の問題点は、レイアウト表示の状態数は3つであるにもかかわらず、ShownLayoutState としては4つの状態を表現可能なことです。単純に3つの状態を示すのであれば、[コード4-15]のように、列挙型を使うことができます。

コード4-15 **◎GOOD** レイアウト表示状態を示す列挙型

```
enum class ShownLayoutType { NOTHING, RESULT, ERROR }
```

列挙型は直和型の特殊形と考えることができ、列挙型では「各列挙子に対応するインスタンスはちょうど1つである」という制約があります。Kotlinにおいては、enum class は列挙型であり、sealed class は直和型とみなせます*6。より制約の強い仕組みの方が、静的な検証も行いやすくなるため、列挙型が直和型と別に用意されている言語では積極的に使い分けるとよいでしょう。

---

*6　RustやSwiftの enum の表現力は強力で、直和型を表現可能です。そのため、インスタンスの数に関する制約はありません（より正確には、直積型の直和型を定義可能と言えます）。

> ## 代数的データ型
>
> 　代数的データ型は、大雑把に言うと、直積型と直和型の組み合わせで表現できる型のことです[7]。直積型は、複数の型をタプル（組）としてまとめた型のことを指します。例えば、Int と Boolean の直積型を Foo とすると、Foo のインスタンスは、Int の値と Boolean の値を同時にそれぞれ1つずつ持つことになります。もちろん、Int と Int のように、同じ型を組み合わせても直積型を構築できます。直積型は、ちょうど集合論の直積と対応しており、先程の例の Foo が取りうる値の集合は、Int と Boolean がそれぞれ取りうる値の集合の直積と等しくなります。一方で直和型は、本文で説明したとおり、複数の型をどれか1つだけ選ぶようにまとめた型で、これも集合論の直和に対応しています。
>
> 　直積型は、多くのプログラミング言語で、構造体やクラスなどのデータ構造で表現できます。つまり、その言語に直和型を表現する能力があるならば、おおよそ代数的データ型を表現可能と言って差し支えないでしょう。直和型の表現方法は様々であり、Java・Scala・Kotlinでは sealed class として、C++なら variant [8]として、Swiftなら enum の「associated value」として実現されています。
>
> 　また、Haskellの data など、直積型と直和型で異なる構文を使うことなく、包括的に代数的データ型を構築できるプログラミング言語もあります。

4-3 ｜ 状態遷移の設計

　状態遷移を適切に設計することで、コードの可読性や頑健性を向上できます。特に、「不正な状態遷移」が起こりえない設計にするとよいでしょう。ここでは、不正な状態遷移がない設計をするために有用な、**不変性・冪等性・非巡回**という状態遷移の種類を紹介します。

---

[7]　正確には、型が再帰的に定義可能であること、つまり再帰データ型の表現力も必要です。

[8]　ただし、C++17の variant はC++ Boostライブラリの variant とは異なり、直接には再帰データ型を表現できません。C++17の variant を使って再帰データ型を表現したい場合は、別に構造体を用意し、そのポインタと組み合わせる必要があります。

4-3-1 不変性

　逆説的ですが、そもそも状態遷移がない、つまり**不変性**を満たすデータ構造を使えば、不正な状態遷移が発生することはありません。不変性とは、定義・代入・オブジェクト作成後に状態が変化しない、もしくは変化が外から観測できない性質を指します。例えば**[コード4-16]** のように、すべてのプロパティが再代入不可能かつ不変な値のみを持つ場合、そのクラスのインスタンスはすべて不変になります[*9]。

コード4-16　インスタンスが不変になるクラス

```
// すべてのプロパティが、再代入不可能で不変な値を持つなら、
// そのクラスのインスタンスは不変
class Immutable(val value: Int)
class AnotherImmutable(val immutable: Immutable)

// プロパティを持たないクラスのインスタンスも不変
class YetAnotherImmutable()
```

　一方で、**[コード4-17]** のようにプロパティが再代入可能な場合や、プロパティが格納・参照している値が可変な場合は、そのクラスのインスタンスは可変になります。

コード4-17　インスタンスが可変になるクラス

```
// 再代入可能なプロパティがあるなら、たとえ値そのものが不変だとしても、
// そのクラスのインスタンスは可変
class Mutable(var value: Int)
class AnotherMutable(var immutable: Immutable)

// 再代入不可能でも、可変な値を持つプロパティがあるなら、
// そのクラスのインスタンスは可変
class YetAnotherMutable(val mutable: Mutable)
```

[*9]　言語機能としてクラスの継承がある場合、インスタンスの不変性を保証するためには、そのクラスからの継承を禁止する必要もあります。Kotlinでは、明示的に abstract・sealed・open で修飾しない限りは、そのクラスを継承できません（Javaの final と同等です）。

●不変と読み取り専用の違い

不変(immutable)と**読み取り専用**(unmodifiable、read-only)は、明確に異な
る概念である点には注意が必要です。例えばKotlinにおける `List` は、変更を
行うメソッドを持たないため、読み取り専用と言えます。ただし、変更をするメソッ
ドを持たなくても、それをもって不変であることは保証できません。**[コード4-18]**
のように、`List` インスタンスへの参照を保持していた場合、別の参照を通じて
変更がなされることがあります。

コード4-18 読み取り専用のリストが変更される例

```
val mutableList = mutableListOf(1)
val list: List<Int> = mutableList
println(list) // "[1]" が出力される。

mutableList += 2
println(list) // "[1, 2]" が出力される。
```

`List` といった読み取り専用のクラスで不変性を保証したい場合は、インスタ
ンスを作る側で明示的に参照を放棄する(**[コード4-19]**)か、インスタンスを受け
取る側でコピーを行う(**[コード4-20]**)とよいでしょう。また、Swiftの `Array` で
実装されているような、copy-on-write[*10]の仕組みを活用するのもよいでしょう。

コード4-19 ○**GOOD** 参照の放棄を使った影響の分離

```
class ListProvider {
    // 変更可能なリストを作ったあと、その参照を放棄する。
    // 事実上、`ListProvider` がリストを変更しないことを保証できる。
    fun createList(): List<Int> = mutableListOf()

    private val mutableList: MutableList<Int> = mutableListOf()

    // 既存の可変な `List` を返す場合も、コピーを作成し、そのコピーの参照を放棄する。
    // 以降、`ListProvider` によって戻り値が変更されないことを保証できる。
    fun getCopiedList(): List<Int> = mutableList.toList()
}
```

---

*10 値の変更が発生したときに、オブジェクトをコピーする仕組みのことです。

コード4-20 **⚪GOOD** 引数のコピーを使った影響の分離

```
class ListHolder {
    private var list: List<Int> = emptyList()

    fun setList(newList: List<Int>) {
        // `newList` は呼び出し元で
        // `MutableList` として保持されているかもしれない。
        //
        // `toList` で明示的にリストのコピーを作ることで、
        // 後で `newList` に変更があったとしても、
        // `list` が影響を受けないようにする。
        list = newList.toList()
    }
}
```

第
4
章

状
態

●値と参照の可変性

　変数を可変にする場合、参照そのものと参照先のオブジェクトの両方を可変にすることは避けるべきです。例えば、[コード4-21]の `mutableList` のような変数を作ることは避けましょう。この変数の値を更新するには、新たなリストを `mutableList` に代入する方法と、現在の `mutableList` を変更する方法の2つが存在します。ここで問題になるのは、`mutableList` の参照を保持した場合です。[コード4-22]のように、`mutableList` の参照を `list` として保持した後に `clearList` を呼び出した場合、`list` が影響を受けるかどうかが分かりづらくなります[11]。

コード4-21 **✕BAD** 参照と参照先オブジェクトの両方が可変な例

```
class DiscouragedMutable {
    var mutableList: MutableList<Int> = mutableListOf()
        private set

    fun clearList() {
        // 実装案1:
        // `mutableList.clear()` として、現在のリストを空にする。
```

---

[11] 本来ならば、可変なオブジェクトを外部に共有すること自体を避けるべきです。詳しくは、6-2-1「内容結合」の「アンチパターン2：内部状態を共有するコード」を参照してください。

```
        // 実装案2:
        // `mutableList = mutableListOf()` として、新たな空のリストを代入する。
    }
}
```

コード 4-22　**✕ BAD**　コード 4-21の使用例

```
val discouragedMutable = DiscouragedMutable()
val list = discouragedMutable.mutableList

// `clearList` によって、`list` に影響あるかが分からない。
discouragedMutable.clearList()

println(list) // `list` が空になったかもしれないし、変化がないかもしれない。
```

　また、このような変数が存在すると、メソッドによって異なる変更方法を用いてしまうという事態も招きます。**[コード4-23]**では、`clearList` の実装では新たな空のリストを代入し、`addElement` では現在のリストの内容を変更しています。**[コード4-24]**のように `mutableList` の参照を `list` として保持した場合、どの操作が `list` に影響を与え、どの操作が与えないのかを理解するのは困難です。

コード 4-23　**✕ BAD**　異なる更新方法が混在するクラス

```
class DiscouragedMutable {
    var mutableList: MutableList<Int> = mutableListOf()
        private set

    fun clearList() {
        // 新たな空のリストを代入する。
        // すでに `mutableList` の参照を持っていたとしても、
        // それには影響を与えない。
        mutableList = mutableListOf()
    }

    fun addElement(value: Int) {
        // 現在のリストの内容を更新する。
```

```
        // すでに `mutableList` の参照を持っていた場合、
        // その参照から見えるリストの内容も変更される。
        mutableList += value
    }
}
```

コード4-24　❌**BAD**　コード4-23の使用例

```
val discouragedMutable = DiscouragedMutable()

val list = discouragedMutable.mutableList
println(list) // "[]" が出力される。

discouragedMutable.addElement(1)
println(list) // "[1]" が出力される。（`addElement` の影響を受ける）

discouragedMutable.clearList()
println(list) // "[1]" が出力される。（"[]" にならない）

discouragedMutable.addElement(2)
println(list) // "[1]" が出力される。（"[2]" にならない）
```

　このような事態を避けるためにも、変数を可変にする場合は、「参照を書き込み可能にし、オブジェクトそのものを読み取り専用にする（`var list: List<Int>`）」か、「参照を読み取り専用にし、オブジェクトは更新可能にする（`val mutableList: MutableList<Int>`）」のどちらかを選ぶとよいでしょう。

　ただし、可変なオブジェクトであっても、その参照を書き込み可能にしてよい場合があります。それは、可変なオブジェクト自身が、元の状態に戻す方法を提供していない場合です。例えば `IntList` というクラスが、`remove` や `clear` などのメソッドを持たず、`add` のみを提供していると仮定します。この状況では、`IntList` の中身を全削除するには、新しいインスタンスを作成して置き換えるしかありません。

●**局所的な不変性**

　あるクラスの一部のプロパティが可変だとしても、無条件で残りのプロパティも可変にしてよいわけではありません。変わることがない値があるならば、その

プロパティを不変にすることで、クラスのインスタンスが取りうる状態数を削減できます。

　また、一言で可変なプロパティといっても、**値のライフサイクル**（その値がどれだけの期間変化しないか）はプロパティによります。これを、**[コード4-25]** の `UserDetailScreen` を使って説明します。このクラスは多数の可変なプロパティを持ちますが、それらが更新されるタイミングは2つに分けられます。`userName` といったユーザの基本的な情報は、更新されることはあまりないでしょう。一方で、`onlineStatus` といった現在の状態を示すプロパティは、`userName` と比べて頻繁に更新されることが想像できます。`UserDetailScreen` では、その更新頻度の違いを想定して、`updateUserProfile` と `updateOnlineStatus` でメソッドを分割しています。しかし、プロパティの定義を見ただけでは、その事実に気づきにくいです。

コード4-25　**✖ BAD**　可変なプロパティを平坦に並べたクラス

```
class UserDetailScreen {
    private var userName: String = ...
    private var phoneNumberText: String = ...
    private var timeZone: TimeZone = ...
    private var onlineStatus: OnlineStatus = ...
    private var statusMessage: String = ...

    fun updateUserProfile() {
        ...
        userName = ...
        phoneNumberText = ...
        timeZone = ...
    }

    fun updateOnlineStatus() {
        ...
        onlineStatus = ...
        statusMessage = ...
    }
}
```

　これを改善するためには、可変なプロパティをそのライフサイクルで分類し、

小さいデータモデルを作ることで局所的な不変性を実現するとよいでしょう。[コード4-26]では、プロパティを UserProfile と UserStatus の2つに分け、それぞれのクラス内では val として宣言しています。これにより、userName・phoneNumberText・timeZone は同時にしか更新されないという点と、userName と onlineStatus の更新されるタイミングは違うという点を強調できます。

コード4-26　**⊘GOOD** ライフサイクルごとにプロパティをまとめたクラス

```
class UserDetailScreen {
    private var userProfile: UserProfile = ...
    private var userStatus: UserStatus = ...

    fun updateUserProfile() {
        ...
        userProfile = UserProfile(...)
    }

    fun updateOnlineStatus() {
        ...
        userStatus = UserStatus(...)
    }

    private class UserProfile(
        val userName: String,
        val phoneNumberText: String,
        val timeZone: TimeZone
    )

    private class UserStatus(
        val onlineStatus: OnlineStatus,
        val statusMessage: String
    )
}
```

　もし、updateUserProfile が頻繁に呼ばれないのであれば、userProfile も val に変えてしまい、プロファイルの更新が必要なときは UserDetailScreen のインスタンスを作り直すようにしてもよいかもしれません。

この改善案も、ライフサイクルごとにプロパティを分類することで、気づきやすくなるでしょう。

4-3-2 冪等性

オブジェクトの取りうる状態の数が2つ以下で、その状態を遷移させる関数が1つの場合、可能であればその関数を**冪等**（idempotent）にするとよいでしょう。冪等とは、操作を1回行ったときの結果と、操作を複数回行ったときの結果が同じという概念のことです。例えば**[コード4-27]**の `close` という関数は冪等です。`Closable` のインスタンスを作った直後は"OPEN"の状態ですが、一度 `close` を呼び出すと、それ以降は"CLOSED"の状態になります。例え2回以上 `close` を呼び出しても、"CLOSED"の状態であり続けます（**[コード4-28]**）。

コード4-27 〇GOOD 冪等な関数 close

```
class Closable {
    // `false` なら "OPEN"、`true` なら "CLOSED" の状態を示す。
    private var isClosed: Boolean  = false

    fun close() {
        if (isClosed) {
            return
        }
        isClosed = true

        ... // クローズ処理
    }
}
```

コード4-28 〇GOOD コード4-27の close の呼び出し

```
val closable = Closable() // "OPEN" の状態
closable.close() // "CLOSED" の状態
closable.close() // 正当な呼び出し。 "CLOSED" の状態を維持し続ける。
```

この冪等性を利用することで、不正な状態遷移がない設計にできたり、内部状態を隠すことができるようになります。

●不正な状態遷移の排除

　関数を冪等にすることで、その関数の呼び出し前に現在の状態を確認する必要がなくなります。一方で、関数が冪等でない場合は、その呼び出しが不正な状態を引き起こさないか、事前の確認が必要になることがあります。このことを、先述の冪等な close（[コード4-27]）と、冪等でない close（[コード4-29]）を比較することで説明します。冪等でも冪等でなくても、"OPEN"な状態で close を呼ぶと、"CLOSED"の状態に遷移することは共通しています。しかし、呼び出し前の状態を確認するべきかどうかは異なります。[コード4-30]に示すとおり、冪等でない close を呼び出す場合は、あらかじめ isClosed による状態の確認が必要です。しかし、すべての close の呼び出しに状態の確認を強制すると、単にコードが煩雑になるというだけではなく、確認を忘れた際にバグを発生させてしまうという問題があります。

コード4-29 **✕ BAD** 冪等でない関数 close

```
class NonIdempotentClosable {
    // `false` なら "OPEN"、`true` なら "CLOSED" の状態を示す。
    private var isClosed: Boolean  = false

    fun close() {
        if (isClosed) {
            // すでに "CLOSED" の場合、例外を投げる。
            error("...")
        }
        isClosed = true

        ... // クローズ処理（省略）
    }
}
```

コード4-30 **✕ BAD** コード4-29の close の呼び出し

```
val nonIdempotentClosable: NonIdempotentClosable = ...

// `close` を呼び出す前に `isClosed` の確認が必要になる。
if (!nonIdempotentClosable.isClosed) {
```

```
        nonIdempotentClosable.close()
}

// `isClosed` の確認を忘れた場合、例外が投げられる可能性がある。
nonIdempotentClosable.close()
```

　このように、関数を冪等にすることで、「間違った呼び出し」が起きることを
呼び出し元が想定しなくてもよくなります。この性質は、コードの可読性と頑健
性を改善する上で重要なため、冪等でない状態遷移にも応用するとよいでしょ
う。つまり、状態数が3以上の場合や、2つ以上の関数がある状態遷移にも応用
できます。**[コード4-31]** の `ThreeStateCounter` は、メソッドの呼び出し回数
を0回（`NONE`）・1回（`SINGLE`）・2回以上（`MULTIPLE`）でカウントするクラスです。
このクラスは3つの状態を持つため、`accumulate` は冪等ではありませんが、
`MULTIPLE` の状態で `accumulate` を呼んでも `MULTIPLE` の状態を維持すると
いう性質は、呼び出し元のコードの簡略化に貢献するでしょう。

コード4-31 　**◯GOOD** 不正な状態遷移がない実装の例

```
class ThreeStateCounter(...) {

    var count: Count = Count.NONE
        private set

    fun accumulate() {
        count = if (count == Count.NONE) Count.SINGLE else Count.MULTIPLE
    }

    enum class Count { NONE, SINGLE, MULTIPLE }
}
```

● **内部状態の隠蔽**
　キャッシュや遅延評価を使った関数を実装する際、冪等性を使うことで内部状
態を隠すことができます。これを **[コード4-32]** の `CachedIntValue` を使って説
明します。`getValue` が最初に呼ばれたとき、このクラスは `valueProvider` を
使って整数値を取得します。しかし2回目以降は、`cachedValue` のプロパティ

にキャッシュされた値を返します。このクラスを使う側から見ると、値がキャッシュされているか否かという状態は隠蔽され、そのことについて気にする必要はありません。このように、値の取得に何かを実行する必要があるが、その結果を繰り返し利用してよい場合は、冪等性を利用することで内部状態を隠蔽できます[*12]。

コード 4-32　**〇GOOD** 内部状態を隠蔽するキャッシュクラス

```kotlin
class CachedIntValue(private val valueProvider: () -> Int) {

    private var cachedValue: Int? = null

    fun getValue(): Int = cachedValue ?: loadNewValue()

    /** `valueProvider` から取得した値をキャッシュし、戻り値として返す。 */
    private fun loadNewValue(): Int {
        val value = valueProvider()
        cachedValue = value
        return value
    }
}
```

　しかし、「冪等性に類似しているが、実際には冪等ではない状態遷移」の存在に注意してください。**[コード 4-33]** のクラスは、**[コード 4-32]** とよく似ていますが、決定的に違う点があります。

コード 4-33　**✕ BAD** 冪等でないキャッシュクラス

```kotlin
class CachedIntValue(private val valueProvider: () -> Int?) {

    private var cachedValue: Int? = null

    fun getValue(): Int? = cachedValue ?: loadNewValue()

    /** `valueProvider` から取得した値をキャッシュし、戻り値として返す。 */
    private fun loadNewValue(): Int? {
        val value = valueProvider()
```

＊12 Kotlinの場合は、標準ライブラリの関数 lazy を使うとよいでしょう。ここでは、説明のために CachedIntValue を作成しています。

```
        cachedValue = value
        return value
    }
}
```

　[コード4-33] では、valueProvider の戻り値型は Int? なので、null が
返される可能性があります。したがって、初回の getValue の呼び出しで
valueProvider が null を返した場合、cachedValue も null を維持し続
けます。この状況でもう一度 getValue を呼び出すと、valueProvider も再
び呼び出されます。その結果、1回目と2回目の getValue の呼び出しで戻り
値が異なることがあり、[コード4-34] の不等号が成り立つ可能性があります。し
かし、getValue は状態を隠蔽するような関数名がつけられているため、混乱
を招くでしょう[*13]。

コード4-34　**✕ BAD**　コード4-33の getValue を2回呼び出すコード

```
val cachedIntValue = CachedIntValue { ... }

// これが true になる可能性があるが、不自然に見える。
cachedIntValue.getValue() != cachedIntValue.getValue()
```

　冪等でないにもかかわらず内部状態を隠してしまうと、誤解を招くコードにな
りやすく、結果としてバグの原因にもなります。その場合は、内部状態を変更し
うることを名前やコメントで明示しましょう。[コード4-33] の getValue の場
合は、getCachedValueOrInvoke といった関数名が置き換えの候補になります。
これは安直な案ですが、意図的に長い関数名にすることで、注意するべき点があ
ることを示せます。

[*13]　コンピューテッドプロパティを利用する際は、特に気をつけた方がよいです。

116

4-3-3　非巡回

　元の状態に戻るような遷移がある場合、その状態遷移には**巡回**があると言えます。**[図4-4]**で示される状態遷移は、State1 → State2 → State3 → State1 と遷移することで元の状態に戻るため、巡回があると言えます。一方で**[図4-5]**の状態遷移では、分岐や合流はありますが、元の状態に戻るような遷移はありません。つまり、**[図4-5]**で示される状態遷移は、**非巡回**（無閉路・非循環）です。**[図4-6]**では State2 と State3 に自己ループ（遷移元と遷移先が同一となる辺）があるため、巡回していると言えます。ただし、その自己ループを取り除いた場合は、非巡回になります。

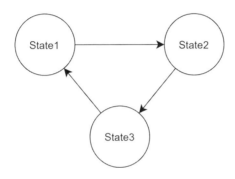

図4-4　巡回のある状態遷移

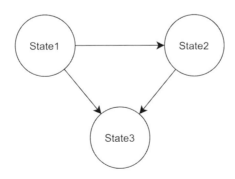

図4-5　非巡回な状態遷移

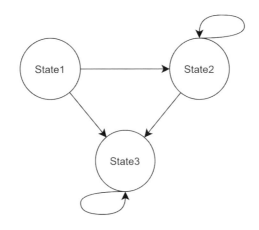

図4-6 自己ループを取り除けば非巡回になる状態遷移

　可変なオブジェクトを設計する際は、[**図4-6**]のような「自己ループを取り除いた場合に非巡回になる」ような状態遷移にするのが望ましいです[*14]。一方で、[**図4-4**]のような「他の状態を経由してから元に戻るような巡回」は避けるのが無難です。[**図4-6**]のような状態遷移を実現するためには、可変なオブジェクトを再利用しないことが重要です。可変なオブジェクトを再利用可能にすることで、パフォーマンスの改善に役立つこともありますが、それが早計な最適化にならないように注意してください。

　以降、本書では単純化のため、単に巡回・非巡回と言ったときは自己ループの存在を無視します。

● **巡回と非巡回の比較**
　非巡回な状態遷移がなぜ望ましいのかについて、DurationLogger というクラスを使って解説します。このクラスの目的は、処理時間を計測し、ログとして出力することです。このクラスを設計する方針として、1回のログごとに新しいインスタンスを作る（非巡回な状態遷移）方法と、複数回のログで1つのインスタ

[*14] 不正な状態遷移を作らないためにも、終端となる状態 State3 が自己ループを持つことは、むしろ好ましいでしょう。よって、[**図4-5**]よりも[**図4-6**]の方が、より適切な状態遷移の設計と言えます。詳しくは、4-3-2「冪等性」の「不正な状態遷移の排除」を参照してください。

ンスを繰り返し使用する（巡回のある状態遷移）方法の2つで比較します。

　まず、1回のログごとにインスタンスを使い捨てる例を **[コード4-35]** に示します。この実装例では、1つのインスタンスが1回のログに対応するため、記録に用いる文字列 `tag` はコンストラクタパラメータとして渡されます。

コード4-35 　**◎GOOD** インスタンスを使い捨てる DurationLogger の実装

```
class DurationLogger(private val tag: String, private val logger: Logger) {
    private var state: State = State.Measuring(System.nanoTime())

    fun finishMeasurement() {
        val measuringState = state as? State.Measuring
            ?: return

        val durationInNanos =
            System.nanoTime() - measuringState.startedTimeInNanos
        logger.log("[$tag] 経過時間: $durationInNanos ナノ秒")
        state = State.Finished
    }

    private sealed class State {
        class Measuring(val startedTimeInNanos: Long) : State()
        object Finished : State()
    }
}
```

　このクラスの状態遷移を図示すると、**[図4-7]** のようになります。この状態遷移では、Finished → Measuring → Finished や Measuring → Finished → Measuring というような、他の状態を経由して元に戻る遷移はありません。つまり、非巡回になっていることが確認できます*15。

＊15　この状態遷移の例に限って言えば、同時に冪等性も満たしています。

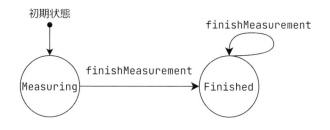

図4-7 コード4-35の状態遷移

　このクラスを用いてログを出力したい場合、計測対象のコードが実行される度に、**[コード4-36]** のように新しいインスタンスを作る必要があります。

コード4-36 🟢**GOOD** コード4-35の使用例

```
fun runSomeHeavyTask() {
    // 計測開始
    val durationLogger = DurationLogger("Some heavy task", logger)
    ...
    // 計測終了 & ロギング
    durationLogger.finishMeasurement()
}

fun runAnotherHeavyTask() {
    // 計測開始
    val durationLogger = DurationLogger("Another heavy task", logger)
    ...
    // 計測終了 & ロギング
    durationLogger.finishMeasurement()
}
```

　一方で **[コード4-37]** は、複数のログに同じインスタンスを使えるようにした実装です。`startMeasurement` と `finishMeasurement` を交互に呼ぶことで、1つのインスタンスを繰り返し使うことができます。それを実現するために、ログで使う文字列 `tag` やログ開始時点の時刻は、`startMeasurement` 中で作られる `State.Measuring` で保持しています。

コード4-37 ✕ BAD インスタンスを再利用可能な DurationLogger の実装

```kotlin
class DurationLogger(private val logger: Logger) {
    private var state: State = State.Stopped

    fun startMeasurement(tag: String) {
        if (state == State.Stopped) {
            state = Measuring(tag, System.nanoTime())
        }
    }

    fun finishMeasurement() {
        val measuringState = state as? State.Measuring
            ?: return

        val durationInNanos =
            System.nanoTime() - measuringState.startedTimeInNanos
        logger.log("[${measuringState.tag}] 経過時間: $durationInNanos ナノ秒")
        state = State.Stopped
    }

    private sealed class State {
        class Measuring(val tag: String, val startedTimeInNanos: Long) : State()
        object Stopped : State()
    }
}
```

[図4-8] は、このクラスの状態遷移を示したものです。この図からも分かると
おり、このクラスでは Stopped → Measuring → Stopped や Measuring
→ Stopped → Measuring という、他の状態を経由して元に戻る遷移が存在
します。つまり、この状態遷移には巡回があることが確認できます。

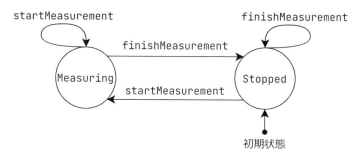

図4-8 コード4-37の状態遷移

　このクラスを用いてログを出力する場合、**[コード4-38]** のように、1つのインスタンスを使い回すことができます。このような設計は、特にインスタンスの作成や初期化のコストが非常に高い場合に有効かもしれません。しかし、状態遷移に巡回があるクラスは、頑健性の観点からすると好ましくありません。**[コード 4-39]** のような使い方をしてしまうと、バグを発生させてしまうからです。このコードでは、`runSomeHeavyTask` 中に再帰的に自分自身を呼び出したり、`runAnotherHeavyTask` を呼び出しています。しかし、呼び出した先でも同じ `durationLogger` を使用しているため、呼び出し元と呼び出し先の状態が干渉してしまい、時間を正しく計測できません。インスタンスを再利用するためには、間違った使い方をしていないか、呼び出し元で注意する必要があります。使う際に注意が必要になる設計は、バグの温床となるほか、可読性が低下する原因にもなるでしょう。

コード4-38 ❌ **BAD** コード4-37の使用例

```
private val durationLogger = DurationLogger(logger)

fun runSomeHeavyTask() {
    // 計測開始
    durationLogger.startMeasurement("Some heavy task")
    ...
    // 計測終了 & ロギング
    durationLogger.finishMeasurement()
}
```

```
fun runAnotherHeavyTask() {
    // 計測開始
    durationLogger.startMeasurement("Another heavy task")
    ...
    // 計測終了 & ロギング
    durationLogger.finishMeasurement()
}
```

コード4-39 ❌ **BAD** バグを含むコード4-37の使用例

```
fun runSomeHeavyTask() {
    durationLogger.startMeasurement("Some heavy task")

    if (...) {
        // バグ: 既に `startMeasurement` が呼ばれているため、
        //       呼び出し先で開始時刻が正しく設定されない。
        runSomeHeavyTask()
    } else {
        // バグ: 上の再帰呼び出しと同様のバグが発生する。
        runAnotherHeavyTask()
    }

    // バグ: 上の `if` 中で既に `finishMeasurement` が呼び出されるため、
    //       以降のロジックは計測されない。
    ...
    durationLogger.finishMeasurement()
}
```

　もちろん、`DurationLogger` を適切に設計することで、繰り返しの使用を可能にしたまま、上記の問題を解決する方法もあるでしょう。ただしその場合は、`DurationLogger` の設計自体が複雑になります。また、結局は `DurationLogger` の内部実装として、使い捨てのインスタンスが必要になることも多いでしょう。特別な理由がない限りは、インスタンスを使い捨て可能にし、状態遷移が巡回しない設計をすると、単純かつ頑健なクラスを作ることができます。

●巡回が必要な場合

　状態遷移の巡回がないように設計するのが望ましいですが、仕様としてそれが

避けられないこともあります。その場合は、その巡回の大きさを制限し、大局的に見るとまるで非巡回であるかのような設計するとよいでしょう。

[コード4-35]の DurationTimeLogger に対して、「一時的に計測を停止する」という機能を追加することを想定します。具体的には、Measuring の状態を Paused（一時停止中）と Running（計測中）の2つの状態に分割します。このとき、Paused と Running は交互に状態が入れ替わるため、状態遷移上の巡回は避けられません。しかし、すでに巡回があるからという理由で、[図4-9]のような複雑な状態遷移を設計することは避けるべきです。[図4-9]では、Finished（計測終了）の状態からも Paused や Running の状態に戻ることができます。このような状態遷移を実装するには、条件分岐の複雑化は避けられません。巡回の範囲は [図4-10]のように必要最小限の範囲に留めておくべきです。このように、巡回の範囲を制限することで、巡回を含む状態を単一の大きな状態とみなしたときに、巡回がないと見せかけることができます（[図4-11]）。

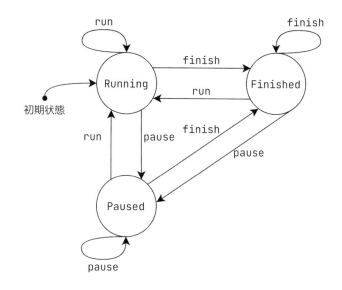

図4-9　大きな巡回がある状態遷移

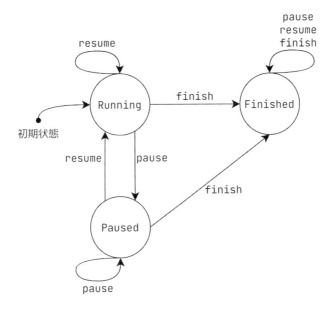

図4-10 巡回を小さく制限した状態遷移

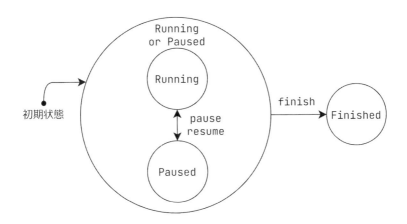

図4-11 図4-10を大局的に見た状態遷移

4-4 | まとめ

　本章では、複数の変数間の関係と状態遷移の設計の2つの観点から、状態を単純化する方法について述べました。まず、変数間の関係では「直交」という概念を導入し、不正な値の組み合わせを取り除く上でその概念が重要であることを説明しました。直交でない関係を排除するためのテクニックとして、変数を関数として置き換える方法と直和型で置き換える方法の2つを紹介しています。次に、状態遷移の設計では、不変性・冪<ruby>冪<rt>べき</rt></ruby>等性といった好ましい性質と、巡回・非巡回の状態遷移の特徴を説明しました。可能であれば非巡回の状態遷移を用いるべきですが、巡回が必要な場合は、その範囲を限定するべき点に注意してください。

第 5 章

関数

　関数の動作を、名前・仮引数・戻り値の型・ドキュメンテーションといった情報
から正確に予測できれば、関数の中身を読むコストは削減できます。さらに、呼
び出し元のコードだけで動作が予測可能ならば、ドキュメンテーションを読む手
間すら省け、コードを読む時間はさらに短くなるでしょう。たとえ関数の中身を
読む必要が出てきても、その動作が予測しやすければ、詳細な部分を読み飛ばす
ことで手早く概要を把握できます。この「詳細な部分を読み飛ばせる」、つまり
コードを斜め読みできるという利点は、特にデバッグ時に、問題がありそうな箇
所の見当をつける際に有用です。そのようなメリットを享受するためにも、関数
の動作の予測しやすさには十分注意を払うべきです。

　予測したい動作の内容は、主に以下の3点です。

- 戻り値が取りうる値とその意味
- どのような副作用を持つか
- エラーとして扱われる条件とそのときの動作

また、関数が予測しやすいかどうかを確かめるには、次の3点を調べるとよい

でしょう。

- 関数の名前の意味と関数の動作が一致している
- 関数の名前が十分に具体的
- ドキュメンテーションの要約を容易に書ける

　これらの条件を満たせない場合は、関数の責任が曖昧であるか、もしくは関数の流れが明確でない可能性があります。そのような関数に対して名前をつけたり、ドキュメンテーションを書こうとしても、その内容は不正確なものや曖昧なものになりがちです。その結果、関数を作った人が意図した動作と、他の人が予測した動作で不一致が起こりえます。これは可読性の問題にとどまらず、バグの原因にもなりうるでしょう。この章では、動作が予測しやすい関数を書くためのヒントとして、関数の**責任**と**流れ**の2つの観点で解説します。

5-1 ｜ 関数の責任

　第1章で紹介した「単一責任の原則」は、クラスのみならず、関数にも適用されるべきというのが本書の考え方です。例えば、`queryUserModel(userId: UserId): UserModel` という関数がある場合、その責任はユーザのデータモデルの取得のみに留まるべきです。この関数の動作には、データの取得のためにデータベースやネットワークなどへのアクセスが含まれるかもしれません。ただし、そのついでにデータの削除や更新といった関係のないことを行うと、多重の責任を負うことになります。

　関数が複数の責任を負うと、その動作を抽象的に理解しにくくなります。さらに関数を再利用することも困難になり、コードのコピーの原因になるなど、設計にも悪影響を及ぼしかねません。関数が負う責任は1つにするべきで、そのためにも適切に関数を分割する必要があります。

5-1-1　責任の分割の基本方針

　関数の負う責任が1つになっているかどうかを判断するために、まずはドキュメンテーションの要約を書いてみるとよいでしょう。例えば、**[コード5-1]**の要約

は、「メッセージモデルをレイアウトにバインドする」などと書けます。

コード 5-1 ⭕**GOOD** 要約が書きやすい関数

```
fun ...(messageModel: MessageModel) {
    messageView.text = messageModel.contentText
    senderNameView.text = messageModel.senderName
    timestampView.text = messageModel.sentTimeText
}
```

　一方で、[**コード 5-2**]の要約を書くことは困難です。無理に書くならば「メッセージモデルをレイアウトにバインドし、そのメッセージモデルを保存する」や「受け取ったメッセージモデルを処理する」のように、2つのことを併記する、もしくは情報量がほとんどなくなるまで抽象度を上げざるをえません。このように要約が書きにくい場合は、関数が複数の責任を負っているという可能性があります。

コード 5-2 ❌**BAD** 要約が書きにくい関数

```
fun ...(messageModel: MessageModel) {
    messageView.text = messageModel.contentText
    senderNameView.text = messageModel.senderName
    timestampView.text = messageModel.sentTimeText

    doOnTransaction {
        ...
        messageDatabase.insertNewMessage(messageModel)
    }
}
```

　[**コード 5-2**]の例であれば、メッセージをレイアウトにバインドする動作と、メッセージを保存する動作で関数を分ければよいでしょう。（[**コード 5-3**]）

コード 5-3 ⭕**GOOD** 関数の分割例

```
fun bindMessageToLayout(messageModel: MessageModel) {
    messageView.text = messageModel.contentText
```

```
        senderNameView.text = messageModel.senderName
        timestampView.text = messageModel.sentTimeText
    }

    fun storeMessageToDatabase(messageModel: MessageModel) {
        doOnTransaction {
            ...
            messageDatabase.insertNewMessage(messageModel)
        }
    }
```

　このように分割することで、それぞれの関数が負う責任は1つだけになります。ドキュメンテーションの要約も、「メッセージモデルをレイアウトにバインドする」と「メッセージモデルをデータベースに保存する」のように、具体的かつ簡潔に書けるでしょう。

5-1-2　コマンドとクエリの分割

　関数を分割するための基準の1つとして、コマンド・クエリ分離の原則 (command-query separation, CQS[1]) は特に重要です。この原則の主張は、状態を変更するための関数 (**コマンド**) と状態を知るための関数 (**クエリ**) を分離させるべきだということです。コマンドとクエリは、それぞれ以下のような形式になります。

- **コマンド**：レシーバや実引数、外部の状態を変化させる関数。戻り値は持たない。
- **クエリ**：戻り値によって情報を取得する関数。レシーバや実引数、外部の状態は変化させない。

　関数の結果を戻り値として返す場合は、レシーバや実引数、および外部の状態を変更するべきではありません。同時に、もしある関数が状態を変更するならば、

---

[1]　この概念は「Object-oriented Software Construction」で紹介されています。ただし、この文献では概念自体の説明のみを行っており、概念に特別な呼称を与えていません。「command-query separation」という名前は、後に与えられたものだと考えられます。(Bertrand Meyer. 1988. Object-oriented Software Construction. Prentice-Hall)

戻り値で結果を返さないようにするべき、つまり戻り値型が Unit や void で
あるべきです。

　コマンド・クエリ分離の原則の必要性を知るために、IntList という整数値
のリストを作ったとしましょう（**[コード5-4]**）。この IntList には、append と
いう2つの IntList を連結させる関数があります*2。

コード5-4　整数値のリストのクラス

```
class IntList(vararg elements: Int) {
    ...

    infix fun append(others: IntList): IntList = ...
}
```

　[コード5-5] は、この IntList を使用している例です。このコードを実行した
結果、a・b・c がどのような値になるかを予想してみましょう。**[コード5-6]**
のすべての行が true になることを期待する人が多いのではないでしょうか。

コード5-5　IntList の使用例

```
val a = IntList(1, 2, 3)
val b = IntList(4, 5)
val c = a append b
```

コード5-6　コード5-5の直感的な結果

```
a == IntList(1, 2, 3)
b == IntList(4, 5)
c == IntList(1, 2, 3, 4, 5)
```

　しかし、コマンド・クエリ分離の原則に従わないコードでは、**[コード5-7]** の各
行が true になるような値をとるかもしれません。これは、多くの開発者の期
待とは異なる動作をするため、バグの原因になりえます。

＊2　infix は関数を中置表記可能にする修飾子です。今回の場合は、a.append(b) の代わりに a append b と書け
　　るようになります。

コード5-7 コード5-5の非直感的な結果

```
a == IntList(1, 2, 3, 4, 5)
b == IntList(4, 5)
c == IntList(1, 2, 3, 4, 5)
```

　ここで、なぜ[**コード5-6**]の動作を期待する人が多いかというと、append が連結した結果を戻り値として返しているためです。逆に、もし append の戻り値型が Unit ならば、レシーバを変更する関数だと予測されるでしょう*3。

　混乱を避けるためにも、関数をコマンドとクエリに分類し、どちらか一方の動作だけに限定することが重要です。「リストを連結する」という関数が戻り値を持つ場合は、通常、連結の結果がその戻り値で返されることを期待します。同時に、結果が戻り値で得られる以上、レシーバや実引数は変更されないことも期待しています。一方で、結果を戻り値として得られない、つまり戻り値型が void や Unit などの場合は、レシーバや実引数の状態の変化によって結果を得ることが多いでしょう。これが、コマンド・クエリ分離の原則の根底にある概念です。

　しかし、このコマンド・クエリ分離の原則も、可読性や頑健性を向上する手段の1つであって、これ自体を目的にしてはいけません。この原則を過剰に適用してしまうと、不必要な状態の維持を強いられます。その結果、関数とその呼び出し元の間で強い依存関係*4が発生してしまうでしょう。

　コマンド・クエリ分離の原則を過剰に適用するとどんな悪影響があるかについて、UserModelRepository というクラスを使って説明します。このクラスは、UserModel をストレージに保存するという役割を持ちます。ただし、その保存は失敗する可能性があり、その保存が成功したかどうかを呼び出し元で知りたいとします。これに対してコマンド・クエリ分離の原則を厳密に適用した場合、[**コード5-8**]のような実装になるでしょう。コマンドとクエリを分離するため、store と wasLatestOperationSuccessful という2つのメソッドが必要になります。

---

*3　ただしその場合は、infix は使うべきではありません。
*4　詳細は6-2-1「内容結合」で説明します。

✕ BAD コマンド・クエリ分離の原則を厳密に適用した実装

```
class UserModelRepository {
    private var latestOperationResult: Result = Result.NO_OPERATION

    // `UserModel` を保存するコマンド
    fun store(userModel: UserModel) {
        ...

        latestOperationResult =
            if (wasSuccessful) Result.SUCCESSFUL else Result.ERROR
    }

    // 保存が成功したかどうかを返すクエリ
    fun wasLatestOperationSuccessful(): Boolean =
        latestOperationResult == Result.SUCCESSFUL
}
```

　この実装では、コマンド・クエリ分離の原則を無理に適用しようとした結果、無駄な状態を作り、バグを発生させやすくなってしまっています。**[コード5-9]**のように、`store` と `wasLatestOperationSuccessful` の呼び出しの間に、意図せず別の `store` の呼び出しを行ってしまうかもしれません。このようなバグは特に、非同期に `wasLatestOperationSuccessful` を確認したり、`UserModelStore` を複数のスレッドで使用したりすると発生しやすくなります。

コード5-9 **✕ BAD** バグを発生させるコード5-8の使用例

```
val repository: UserModelRepository = ...

fun saveSomeUserModel() {
    val someUserModel: UserModel = ...
    repository.store(someUserModel)

    saveAnotherUserModel()

    // 実際には、`anotherUserModel` の保存が成功したかどうかを調べている。
    val wasSomeUserModelStored = wasLatestOperationSuccessful()
}
```

```
fun saveAnotherUserModel() {
    val anotherUserModel: UserModel = ...
    repository.store(anotherUserModel)
}
```

これを改善するには、コマンド・クエリ分離の原則を適用せず、「保存が成功し
たかどうか」を関数の戻り値として返却するとよいでしょう。[コード5-10] のよう
に store を書き換えることで、不要なプロパティ latestOperationResult を
削除でき、関数の呼び出しとその結果の関連性を結びつけられます。

コード5-10　　⭕GOOD　コード5-8の改善例

```
class UserModelRepository {
    /**
     * 与えられた [userModel] をローカルストレージに保存する。
     *
     * この保存は失敗する可能性があり、
     * その成否を真偽値として返却する(true が成功を示す)。
     */
    fun store(userModel: UserModel): Boolean = ...
}
```

コマンド・クエリ分離の原則を適用するべきかどうかを考える際は、戻り値が
関数の主となる結果か、それとも副次的な結果 (メタデータ) かを確認するとよ
いでしょう。それぞれの例を、以下に示します。

主となる結果の例
- toInt や splitByComma といった「変換」をする関数の変換後の値
- 算術演算する関数における計算結果
- ファクトリ関数で作成されたインスタンス

副次的な結果 (メタデータ) の例
- 失敗するかもしれない関数におけるエラーの種別
- データを保存する関数における「保存が完了したデータサイズ」の値

— 状態を変更する関数における変更前の状態

もし、ある関数が主となる結果を戻り値として返却する場合は、コマンド・クエリ分離の原則を適用するべき、つまり、状態を変化させないべきです。一方で、戻り値が副次的な結果である場合は、同時に状態を更新してもよいでしょう。ただし、その場合はドキュメンテーションで戻り値について明記するべきです。

また、インターフェイスがデファクトスタンダードとして広く知られている場合も、状態の変更と主な結果の返却を同時に行ってもよいでしょう。例えば、Javaにおける `Iterator` や `InputStream` のような一方向の列を表現するクラスには、多くの場合「先頭の要素を取得し、現在の位置を1つ進める」というメソッドが用意されています（`Iterator#next`・`InputStream#read`）。そのため、新しいクラスとして一方向の列を意味するものを作る際に似たようなメソッドを用意しても、混乱を招くことはほとんどないでしょう。このように、広く知られた形式であったり、使っている言語やプラットフォームの標準ライブラリ・APIの形式に沿っている場合も、コマンド・クエリ分離の原則の例外とみなせます。

5-2 | 関数の流れ

流れが明確な関数は、その内容を斜め読みすることで、短時間で概要を把握できるという利点があります。そのような関数を作るためには、以下の性質が満たされているかを確認するとよいでしょう。

- 詳細な挙動（ネストの中、定義の右辺、エラーの処理など）を読み飛ばしても理解できる
- 関数中のどこが重要な部分かが分かりやすい
- 条件分岐を網羅せずとも理解ができる

これらの性質を満たすための方法として、ここでは**定義指向プログラミング・早期リターン・操作対象による分割**の3つの手法を紹介します。

5-2-1 定義指向プログラミング

　まず、定義指向プログラミング（Definition based programing）という概念を導入します。これは、ネスト・メソッドチェイン・リテラルなどを使う代わりに、名前のついた変数・関数・クラスの定義を多用するプログラミングスタイルのことです。定義指向プログラミングでは、以下の3つを達成することを目指しています。

- 高い抽象度を与える：抽象度が低く長いコードやリテラルに名前をつけることで、そのコードが持つ意味を説明し、高い抽象度で理解可能にする。
- 斜め読みで概要を把握できるコードにする：コードの一部を眺めるだけで、関数の流れが分かるようにする。具体的には、コードの左側（式やステートメントの最初の方、ネストの浅い方）に重要なコードを配置し、コードの右側（式やステートメントの最後の方、ネストの深い方）にコードの詳細を配置する。
- 関数内の読み返しを減らす：上から順に読んでいけば概要が把握できるように、関数を構成する。そのために、深いネストや巨大なローカル関数など、読み返しが必要になりやすい要素を減らす。

　多くの場合は、関数内のコードを別のプライベート関数やローカル変数に抽出することになるでしょう。ローカル変数で抽出する際は、読み取り専用の変数（もし可能であれば不変性を保証できる変数）を使うことも意識しましょう。使用している言語によっては、読み取り専用の変数を宣言できませんが、その場合は再代入を行わないように工夫してください。

●改善を考慮するべきパターン1：ネスト

　「ネスト」は、構造が再帰的に繰り返されている状態を指します。制御構造のネストだけではなく、引数中の引数、ローカル関数、内部クラスなどによってもネストは作られます。実際には、これらいくつかの種類が組み合わさり、複雑なネストが作られることもあるでしょう。【コード5-11】は、引数のネストの例を示します。このコードでは、ある関数の呼び出しの結果を別の関数の実引数として使い、それをもう一度繰り返しています。

```
showDialogOnError(
    presenter.updateSelfProfileView(
        repository.queryUserModel(userId)
    )
)
```

　引数のネストで引き起こされる問題点として、まず1つ目に、どこが重要なコードか分かりにくい点があります。このコードの中で重要な部分は、ユーザモデルを取得し、それをビューに表示する部分です。一方、エラーのときにダイアログを表示するコードは例外的な処理に過ぎず、関数の概要を理解する上では重要ではありません。しかしながら**[コード5-11]**では、showDialogOnError がネストの外側に置かれているため、その内側のコードが重要なコードなのか、それとも読み飛ばしてよい部分なのかが、一目見ただけでは分かりません。

　2つ目の問題点としては、戻り値の意味が読み取りにくいという点が挙げられます。showDialogOnError は、updateSelfProfileView の戻り値を実引数として使っています。その戻り値の意味を理解するためには、updateSelfProfileView のドキュメンテーションを見る必要があるでしょう。この問題を解決するためだけであれば、名前付き引数を利用するのも1つの方法です。しかし、引数の部分がますます煩雑になり、「どこが重要なコードか分かりにくい問題」が悪化する恐れもあります。

　これら2つの問題を解決するために、「定義指向プログラミング」の考えでは、戻り値を名前のついたローカル変数として定義します。これにより、関数の流れが上から順に読めるようになるとともに、戻り値の意味が明確になります。**[コード5-12]**では、ローカル変数を使うことで、以下の2つのことがより明確になっています。

- この関数には3つの動作がある：ユーザモデルの取得・そのモデルを用いたビューの更新・失敗時のダイアログ表示
- updateSelfProfileView の戻り値の意味[5]

＊5　書籍「リーダブルコード」では、値の意味が何であるかを説明する変数を「説明変数」、式の意味を要約するための変数を「要約変数」としています。（Dustin Boswell, Trevor Foucher, 須藤 功平（解説）, 角 征典（訳）. 2012. リーダブルコード ― より良いコードを書くためのシンプルで実践的なテクニック. オライリージャパン）

コード5-12 **◯ GOOD** ローカル変数によるコード5-11のネストの解消

```
val userModel = repository.queryUserModel(userId)
val viewUpdateResult =
    presenter.updateSelfProfileView(userModel)

showDialogOnError(viewUpdateResult)
```

　しかし、ローカル変数だけでは、ネストをうまく解消できない場合もあります。[コード5-13]は if によるネストを持ちますが、それをローカル変数で解消しようとしたものが[コード5-14]です。ローカル変数により、showStatusText が実行される条件は「メッセージが有効である・対応するビューが表示されている・メッセージが送信中である」の3つであることが分かりやすくなっています。しかし、このコードの動作は、元の動作と完全には一致しません。例えば、ローカル変数を利用する場合、最初の2つの条件が満たされなくても、必ず requestQueue.contains が実行されてしまいます。

コード5-13 **✕ BAD** if によるネスト

```
if (messageModelList.hasValidModel(messageId)) {
    if (messageListPresenter.isMessageShown(messageId)) {
        if (requestQueue.contains(messageId)) {
            showStatusText("Sending")
        }
    }
}
```

コード5-14 ローカル変数によるコード5-13のネストの解消

```
// このコードの動作は コード5-13 と完全には一致しない。
val isMessageValid = messageModelList.hasValidModel(messageId)
val isMessageViewShown = messageListPresenter.isMessageShown(messageId)
val isMessageSendingOngoing = requestQueue.contains(messageId)

if (isMessageValid && isMessageViewShown && isMessageSendingOngoing) {
    showStatusText("Sending")
}
```

[コード5-13] と [コード5-14] の動作の差異は、多くの場合無視してもよいかもしれません。しかし、`messageListPresenter.isMessageShown` がほとんどの場合で `false` を返し、かつ、`requestQueue.contains` の計算量が大きい状況では、[コード5-14] は不適当になるでしょう。

ネストの分解にローカル変数を使いづらい場合は、プライベート関数を利用できることがあります。まず、各 `if` 文の条件式を、[コード5-15] のように関数として抽出します。

コード5-15　**○GOOD** 条件式の関数としての抽出

```
private fun isValidMessage(messageId: MessageId): Boolean =
    messageModelList.hasValidModel(messageId)
private fun isViewShownFor(messageId: MessageId): Boolean =
    messageListPresenter.isMessageShown(messageId)
private fun isUnderSending(messageId: MessageId): Boolean =
    requestQueue.contains(messageId)
```

これらのプライベート関数を使うことで、動作を変えることなく、条件式の抽象度を高くすることができます。[コード5-16] を確認してみましょう。`isValidMessage` が `false` を返す場合は `isViewShownFor` が実行されず、さらに `isUnderSending` についても同様に元の動作と同じであることが分かります。

コード5-16　**○GOOD** プライベート関数によるコード5-13のネストの解消

```
if (isValidMessage(messageId) &&
    isViewShownFor(messageId) &&
    isUnderSending(messageId)
) {
    showStatusText("Sending")
}
```

「定義指向プログラミング」を目指す場合は、このようにローカル変数とプライベート関数を使い分けます。ただし、闇雲にプライベート関数を作ると、クラスに含まれるメンバの数が増えて、かえって可読性を下げかねません。ローカル変数で十分な場合は、そちらを選択しましょう。

もう1つ、プライベート関数でネストを置き換える際の注意点があります。抽出前のネストの構造と抽出後の関数の呼び出しの構造を一致させてしまうと、かえって可読性が下がってしまうことです。これを**［コード5-17］**の `for` によるネストを使って説明します。このコードの目的は、`messageListPages` に含まれる `MessageModel` を保存することです。ただし、`messageListPages` は直接 `MessageModel` を保持しているわけではありません。**［図5-1］**の示すとおり、`messageListPages` は複数の「ページ」を持ち、ページは複数の「チャンク」を持ちます。そして、`MessageModel` はチャンクに含まれているという構造です。この構造をそのまま `for` のネストで走査しているため、**［コード5-17］**では深いネストが必要となっています。

コード5-17　**✕ BAD**　`for` によるネスト

```
fun ...(messageListPages: Collection<MessageListPage>) {
    for (messageListPage in messageListPages) {
        for (messageListChunk in messageListPage) {
            for (messageModel in messageListChunk) {
                repository.storeMessage(messageModel)
            }
        }
    }
}
```

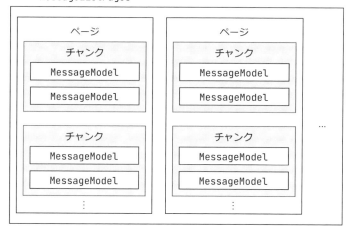

図5-1　messageListPagesの構造

それでは、[コード5-17] に対して間違った抽出を行うとどうなるかを見てみましょう。[コード5-18]では、各 for ループをプライベート関数として抽出することで、個々の関数内ではまるでネストが存在しないかのような構造になっています。しかし、このコードの重要な部分は、MessageModel を保存することであり、それに対応するのは repository.storeMessage(messageModel) です。その重要な部分が、関数呼び出しの深い場所に押し込められてしまっています。したがって、このコードが何をするのかを把握するためには、結局ページやチャンクの構造を正しく理解する必要があります。皮肉な結果ですが、可読性の改善を目的とした抽出によって、逆に読みづらくなってしまったと言えるでしょう。

コード5-18　**✕ BAD** プライベート関数による間違った抽出

```
fun ...(messageListPages: Collection<MessageListPage>) {
    for (page in messageListPages) {
        storeMessageForPage(page)
    }
}

private fun storeMessagesForPage(page: MessageListPage) {
    for (chunk in page) {
        storeMessagesForChunk(chunk)
    }
}

private fun storeMessagesForChunk(chunk: MessageListChunk) {
    for (messageModel in chunk) {
        repository.storeMessage(messageModel)
    }
}
```

　このコードの動作の概要を知るためには、repository.storeMessage が呼ばれていることを理解すればよいのであり、ページやチャンクについて知ることは必須ではありません。つまり、保存するコードを呼び出し元に残し、制御構造のネストをまるごとプライベート関数で隠蔽すれば、どこが重要な部分なのか

が分かりやすくなります。**[コード5-19]**[*6]の `forEachMessage` は、制御構造をそのまま抽出した関数です。

コード5-19　**◎GOOD**　`for` のネスト構造の抽出

```
private fun forEachMessage(
    pages : Collection<MessageListPage>,
    action: (MessageModel) -> Unit
) {
    for (page in pages) {
        for (chunk in page) {
            for (messageModel in chunk) {
                action(messageModel)
            }
        }
    }
}
```

[コード5-17]に `forEachMessage` の抽出を適用した結果が、**[コード5-20]**です。`forEachMessage` によって、ページやチャンクといった概念が隠蔽され、「`message ListPages` 内の各メッセージごとに `repository.storeMessage` を呼ぶ」という重要な部分を強調することができます。

コード5-20　**◎GOOD**　コード5-19を利用したコード5-17の抽象化

```
fun ...(messageListPages: Collection<MessageListPages>) =
    forEachMessage(messageListPages) { messageModel ->
        repository.storeMessage(messageModel)
    }
```

　ここまで紹介したとおり、ローカル変数やプライベート関数を使うことで、ネストを分解したり、隠蔽することができます。結果、その関数が何をしているのかを強調することができ、コード全体の可読性が向上します。ただし、ローカル変数とプライベート関数のどちらを使うかや、どの範囲を置き換えるかについて

---

*6　Kotlinの拡張関数を使って、`Collection<MessageListPage>.forEachMessage(action: (MessageModel) -> Unit)` と定義すると、より直感的なコードにできます。

は、試行錯誤が必要になるでしょう。

● **改善を考慮するべきパターン2：メソッドチェイン**

メソッドチェインとは、メソッドの戻り値を新たなレシーバとして、さらにメソッ
ドを呼び出すことです。[**コード5-21**]は、ユーザモデルのリストを起点にメソッ
ドチェインを行っています。メソッドチェインは、レシーバを第1引数に置き換
えれば、引数のネストと同じ動作をします（[**コード5-22**]）。メソッドチェインと
引数のネストを比べた場合、メソッドチェインには以下のような利点があります。

- 関数の評価や実行の順番が上から順に行われるため、読み返しが少なくて済む
- ネストが浅くなるため、メソッドと引数の関係が分かりやすくなる

コード5-21 メソッドチェインの例*7

```
userModelList
    .filter { userModel -> userModel.isFriend }
    .map { userModel -> userModel.profileBitmap }
    .forEach { bitmap -> imageGridView.addImage(bitmap) }
```

コード5-22 **✕ BAD** コード5-21と同じ動作をする引数のネストの例

```
forEach(
    map(
        filter(
            userModelList
        ) { userModel -> userModel.isFriend }
    ) { userModel -> userModel.profileBitmap }
) { bitmap -> imageGridView.addImage(bitmap)  }
```

ただし、引数のネストと同様に、メソッドチェインは「どこに重要なコードが
あるか理解しにくい」という難点を抱えています。チェイン中に重要なコードが
あると、チェインそのものを読み飛ばすことができなくなります。さらに、引数

---

*7 List に対して filter や map といった高階関数を複数回チェインする場合は、効率のため asSequence を使う
べきですが、本書では説明の簡略化のため使用しません。

のネストが深くなると戻り値が分かりにくくなるのと同様に、チェインが長くなるとレシーバを把握することが難しくなります。レシーバの意味を把握するためには、それまでのチェインをすべて理解する必要があるからです。[コード 5-21]の例において最も重要な部分は、画像をグリッドに追加する部分 `{ bitmap -> imageGridView.addImage(bitmap) }` です。しかし、レシーバが何であるかを把握しないと、何の画像を表示しようとしているのかが分かりません。そして、レシーバの意味を知るためには `filter` と `map` を読み飛ばすことができなくなります。

　重要なコードがどこにあるか、レシーバが何であるかを分かりやすくするためには、適切にメソッドチェインを分割するとよいでしょう。[コード 5-23] では、`forEach` をメソッドチェインから分割しているため、最終的に行いたいことは「グリッドに対する画像の追加」であることが分かりやすくなっています。また、メソッドチェインの戻り値に `friendProfileBitmaps` という名前をつけることで、`filter` や `map` のチェインの詳細を読まずとも、追加したい画像が何であるかを把握しやすくなっています。例えチェインの詳細を読むことになっても、これは「フレンドユーザのプロファイル画像を取得するコード」であると分かった上で読むことができるので、理解が容易になるでしょう。

コード 5-23　**◎GOOD**　コード 5-21 のメソッドチェインの分割例

```kotlin
val friendProfileBitmaps = userModelList
    .filter { userModel -> userModel.isFriend }
    .map { userModel -> userModel.profileBitmap }

friendProfileBitmaps
    .forEach { bitmap -> imageGridView.addImage(bitmap) }
```

≫ COLUMN

Kotlinのスコープ関数

　Kotlinのスコープ関数は、関数を引数として受け取り、それをレシーバのコンテキストで実行する高階関数です。これを利用することで、引数のネストをメソッドチェインに変えることができます。[コード 5-21] は UserModel のリ

ストに対するチェインでしたが、以下のようにスコープ関数 `let` を使うことで、単体の `UserModel` インスタンスに対しても同様のメソッドチェインを作れます。

```
userModel
    .takeIf { it.isFriend }
    ?.let { it.profileBitmap }
    ?.let { imageGridView.addImage(it) }
```

　スコープ関数によるメソッドチェインは、読み飛ばしてもよいコードをメソッドチェインの中に隠蔽する場合に便利です。しかしそれは同時に、スコープ関数の不適切な使用によって、重要なコードを隠蔽してしまうことも意味しています。スコープ関数を使えるから使うのではなく、適切な使用を心がけましょう。特に、「メソッドチェインだとすっきりして見えるから」という理由で使うのは危険です。見た目としては美しくても、実際には可読性の低いコードになりかねません。そういう意味では、上記のコードの最後の `let` は不適切です。**[コード5-23]** と同様に、次のようにチェインを分割するべきです。

```
val friendProfileBitmap = userModel
    .takeIf { it.isFriend }
    ?.let { it.profileBitmap }

friendProfileBitmap
    ?.let { imageGridView.addImage(it) }

// もしくは
friendProfileBitmap
    ?.let(imageGridView::addImage)

// もしくは
if (friendProfileBitmap != null) {
    imageGridView.addImage(friendProfileBitmap)
}
```

　また、他のプログラミング言語でも、スコープ関数と同等の関数を作れることがあります（SwiftやRustなど）。汎用性の高い高階関数を作った場合は、使い方を誤らないように気をつけてください。

●改善を考慮するべきパターン3：リテラル

リテラル（直値）はソースコード中に直接表現された値です。**[コード5-24]**で、整数リテラル、文字列リテラル、ラムダ、無名オブジェクトの例を示します。

コード5-24　リテラルの例

```
10000 // 整数リテラル
"文字列リテラル"
{ x: Int -> x + 1 } // ラムダ
object : SomeInterface { ... } // 無名オブジェクト
```

特に、整数や文字列といった基本的なデータ型で、名前のついてないリテラルのことをマジックナンバーと言います[*8]。意味が自明で、変わることがないマジックナンバーは使用しても問題ありません。例えば、リストのインデックスで「先頭」を示す `0` や「次」を求めるために使う `+ 1`、「中央」の計算に使う `/ 2` は、いずれも意味が自明で、よほど特殊な状況でない限り値は変わらないでしょう。これらのリテラルは、そもそもマジックナンバーではないとみなすこともできます。

一方で、このような条件に当てはまらないマジックナンバーは、そのまま使わず、**[コード5-25]**のように読み取り専用の変数として定義するべきです。特に、使用しているプログラミング言語でインスタンスメンバとクラスメンバ[*9]を別に定義できる場合、マジックナンバーをクラスメンバとして定義することで、すべてのインスタンスで共通の値が使われることを強調できます。また、Kotlinの `const` のように、定数であることを明確に示せる場合は、それを活用するとなおよいです。

コード5-25　**○GOOD** 変数によるマジックナンバーの置き換え

```
private const val QUERY_TIMEOUT_IN_MILLIS = 10000
```

[*8]　書籍「Clean code」によると、数値以外、例えば文字列に対してもマジックナンバーと言うそうです。「マジックストリング」では別の意味を持つためでしょうか。（Robert C. Martin. 2008. Clean Code : A Handbook of Agile Software Craftsmanship. Prentice Hall）

[*9]　Javaなら `static` フィールド、Kotlinなら `companion object` のプロパティとして定義できます。

マジックナンバーに名前を与えることで、同じ値が別の目的で使われることを防げます。例えば、クエリのタイムアウトと、クエリで取得するエントリの上限で、共通して 10000 という数字を使っているとしましょう。ここでマジックナンバーを使ってしまうと、タイムアウトを変更しようとして、間違ってエントリの上限を変えてしまう可能性があります。明示的に QUERY_TIMEOUT_IN_MILLIS と MAX_ENTRY_COUNT_FOR_QUERY を使い分けることで、そのようなバグを起こしにくくなります。逆に、値の意味を付与できないような変数は、作るべきではありません。例えば、[コード5-26] の TEN_THOUSAND のような定義は、変数の名前による意味付けができていないため、避けるべきでしょう。10000 のマジックナンバーを直接使用したときと同様に、TEN_THOUSAND の変数が複数の目的で使われる可能性があるためです。

コード5-26　❌ BAD　意味を付与できていない変数定義

```
private const val TEN_THOUSAND = 10000
```

　マジックナンバーに名前を与えることはよく知られたベストプラクティスですが、「定義指向プログラミング」ではもう少し踏み込んで、ラムダや無名オブジェクトといったリテラルの扱いにも言及します。

　ラムダや無名オブジェクトを使う場合、そこに含まれるコードの大きさを確認してください。十分に小さいラムダや無名オブジェクトならば、それほど可読性に影響を与えません。しかし、大きなラムダや無名オブジェクトを使うと、動作を把握するために読み返しが必要になったり、斜め読みをしようとした際にどこを読み飛ばしてよいかが分かりにくくなったりします。[コード5-27]は、メソッドチェイン中に、大きなラムダを使っている例です。

コード5-27　❌ BAD　大きいラムダを含むメソッドチェイン

```
fun getOnlineTeamMembers(teamId: TeamId): List<UserModel> =
    queryTeamMemberIds(teamId)
        .map { memberId ->
            ... // `UserModel` に変換するコード
```

```
        ...
    }
    .filter { memberModel ->
        ...
        val userStatus = ...
        userStatus.isOnline
    }
```

　ラムダや無名オブジェクトのうち、特にネストやメソッドチェイン中に使われ
ているものは、ローカル変数・プロパティ・名前のついた関数やクラスに置き換
えるとよいでしょう。ただし、リテラルを何で置き換えるかはよく考える必要が
あります。例えば、**[コード5-28]** のようにローカル変数で置き換えると、リテラ
ルを名前で説明できるようにはなります。しかし、関数内のコードの抽象度を上
げることが難しくなるため、可読性の改善の効果は限定的です。一方で、プロパ
ティ・名前のついた関数やクラスで置き換えると、名前による説明とコードの抽
象化の両方を実現しやすいです。**[コード5-29]** では、ラムダを名前のついた関数
に置き換えることで、`getOnlineTeamMembers` の抽象度を上げつつ、名前に
よる説明ができています。

コード5-28　ローカル変数によるラムダの置き換え

```
fun getOnlineTeamMembers(teamId: TeamId): List<UserModel> {
    val toUserModel = { memberId: MemberId ->
        ... // `UserModel` に変換するコード
        ...
    }
    val isOnlineMember = { memberModel: MemberModel ->
        ...
        val userStatus = ...
        userStatus.isOnline
    }

    return queryTeamMemberIds(teamId)
        .map(toUserModel)
        .filter(isOnlineMember)
}
```

コード5-29 ◯**GOOD** 名前のついた関数によるラムダの置き換え[*10]

```
fun getOnlineTeamMembers(teamId: TeamId): List<UserModel> =
    queryTeamMemberIds(teamId)
        .map(::toUserModel)
        .filter(::isOnlineMember)

private fun toUserModel(memberId: MemberId): UserModel {
    ... // `UserModel` に変換するコード
    return ...
}

private fun isOnlineMember(memberModel: MemberModel): Boolean {
    ...
    val userStatus = ...
    return userStatus.isOnline
}
```

　もちろん、ラムダや無名オブジェクトを置き換える代わりに、ネストやメソッドチェイン自体を分解することも可能です。どちらの方が可読性が高くなるかを比べて、より適した方法を採用するとよいでしょう。

● **定義指向プログラミングの適用例**

　ここまで、ネスト・メソッドチェイン・リテラルを名前のついた変数や関数で置き換える例を見てきました。個々の要素ではそれほど複雑なコードにならなくても、複数の要素が絡み合うと、コードの可読性は簡単に低下します。例えば[**コード5-30**]は、色を変えるアニメーションを実行する関数ですが、その動作を把握するのは困難でしょう。その原因は、also[*11]が引数として受け取っているラムダが、大きくかつ、それがネストとメソッドチェインを構成しているからです。

[*10] :: 演算子は関数の参照を示します。.map(::toUserModel) は .map { user -> toUserModel(user) } と同じ意味です。

[*11] also はKotlinのスコープ関数の一種です。引数として与えられた関数に対し、レシーバをその関数の引数に変換して実行した後、レシーバを戻り値として返します。詳しくは付録もしくはKotlinのドキュメントを参照してください。

コード5-30 **✕ BAD** 色を変えるアニメーションを実行する関数

```
fun startColorChangeAnimation(startArgbColor: UInt, endArgbColor: UInt) =
    ColorAnimator(startArgbColor, endArgbColor)
        .also { animator ->
            animator.addUpdateListener { animationState ->
                if (animationState.colorValue == null) {
                    return@addUpdateListener
                }
                ... // `colorValue` をビューに適用するコード
            }
        }.start()
```

この also のラムダによって、以下の2点が分かりにくくなっています。

- コードのどの部分が、関数呼び出し時に実行され、どの部分が非同期に呼ばれるか
- start のレシーバは何か

このようなコードには、ネストの内側から順に定義指向プログラミングを適用するとよいでしょう。 startColorChangeAnimation は、2つのネストされたラムダを持ち、それぞれ also と addUpdateListener に渡されます。外側のラムダは、addUpdateListener を呼び出して ColorAnimator インスタンスを初期化します。一方で内側のラムダは、色を更新する動作の詳細を示しています。startColorChangeAnimation の目的はアニメーションを開始することであるため、変更の詳細についてまで同関数内で記述する必要はないでしょう。したがって、まずは内側のラムダを名前のついた別の関数として抽出します。その結果が**[コード5-31]**ですが、「どのようなリスナを追加するか」という点に関して、抽象度が上がって読みやすくなっています。

コード5-31 addUpdateListener を抽出した結果

```
fun startColorChangeAnimation(startArgbColor: UInt, endArgbColor: UInt) =
    ColorAnimator(startArgbColor, endArgbColor)
        .also {
```

```
            it.addUpdateListener { applyColorToViews(it.colorValue) }
        }.start()

    private fun applyColorToViews(argbColor: UInt?) {
        if (argbColor == null) {
            return
        }

        ... // `argbColor` をビューに適用するコード
    }
```

次に、`also` によるメソッドチェインを分割します。`also` はリスナの登録を行っているため、`ColorAnimator` の初期化とみなすことができます。しかし、`start` は最終的に実行したいコードであるため、初期化のメソッドチェインからは分離するのが好ましいです。[コード5-32] のように `ColorAnimator` のインスタンスを `animator` というローカル変数に保持することで、`start` の呼び出しを分離できます。このようにすることで、「アニメータのインスタンスをつくり、アニメーションを開始する」という関数の流れが明確になります。

コード5-32 ◎GOOD メソッドチェインを分割した結果

```
fun startColorChangeAnimation(startArgbColor: UInt, endArgbColor: UInt) {
    val animator = ColorAnimator(startArgbColor, endArgbColor)
    animator.addUpdateListener { applyColorToViews(it.colorValue) }

    animator.start()
}

private fun applyColorToViews(argbColor: UInt?) {
    if (argbColor == null) {
        return
    }

    ... // `argbColor` をビューに適用するコード
}
```

●定義指向プログラミングの注意点

　定義指向プログラミングを適用する際は、適用の範囲に注意を払う必要があります。その範囲が不適切であると、かえって可読性や頑健性を損ないかねません。例として、[コード5-33] に定義指向プログラミングを適用することを考えましょう。このコードでは init ブロック内で、2つのビューのインスタンスを作成し、初期化とプロパティへの代入を行っています。

コード5-33　　init でビューの初期化とプロパティへの代入を行っている例

```
class ... {
    private val userNameTextView: View
    private val profileImageView: View

    init {
        userNameTextView = View(...)
        ... // `userNameTextView` に対する、長く複雑な初期化

        profileImageView = View(...)
        ... // `profileImageView` に対する、長く複雑な初期化

        ... // その他の初期化処理
    }
}
```

　これらのビューの初期化コードが長くなると、init で何をしているのかが分かりにくくなります。それを解決するために [コード5-34] では、各ビューに対してインスタンスの作成と初期化・代入までのコードを、プライベート関数として抽出しています。しかしこのコードは、以下の3つの新たな問題を引き起こしています。

- プロパティを書き換え可能な var にし、かつ、null 許容型にしなくてはならない
- 2つの initialize...View が複数回呼ばれる可能性や、init ブロック外で呼ばれる可能性がある
- initialize...View という関数名では、何をしているか分かりにくい

コード5-34　**✕ BAD**　不適当な抽出範囲の例

```
class ... {
    private var userNameTextView: View? = null
    private var profileImageView: View? = null

    init {
        initializeUserNameTextView()
        initializeProfileImageView()
        ... // その他の初期化処理
    }

    private fun initializeUserNameTextView() {
        userNameTextView = View(...)
        ... // `userNameTextView` に対する、長く複雑な初期化
    }

    private fun initializeProfileImageView() {
        profileImageView = View(...)
        ... // `profileImageView` に対する、長く複雑な初期化
    }
}
```

第
5
章

関
数

　抽出する範囲によっては、このように新たな問題を引き起こします。その場合
は、外部の状態を変更するコードを、抽出の対象外にすると解決できることが多
いです。今回の場合は、ビューのインスタンスの作成から初期化までを抽出の範
囲とし、プロパティの初期化は init ブロック内に留めておくとよいでしょう。
つまり、[コード5-35]のように create...View というファクトリ関数を作る
ことになります。こうすることで、各ビューのプロパティは読み取り専用かつ
非 null のままにできます。また、create...View はファクトリ関数なので、
たとえ複数回呼ばれたとしても、既存のビューへの影響は分離できます。

コード5-35　**◎ GOOD**　適切な抽出範囲の例

```
class ... {
    private val userNameTextView: View
    private val profileImageView: View
```

```
    init {
        userNameTextView = createUserNameTextView()
        profileImageView = createProfileImageView()
        ... // その他の初期化処理
    }

    private fun createUserNameTextView(): View {
        val userNameTextView = View(...)
        ... // `userNameTextView` に対する、長く複雑な初期化

        return userNameTextView
    }

    private fun createProfileImageView(): View {
        val profileImageView = View(...)
        ... // `profileImageView` に対する、長く複雑な初期化

        return profileImageView
    }
}
```

　このように抽出の範囲を適切に設けると、さらなるリファクタリングも行いやすくなります。create...View の戻り値として、完成されたビューインスタンスが渡されることが分かっているため、代入を init の代わりに各プロパティの定義で行ってもよいでしょう。[コード5-36]のようにすることで、init ブロックを更に簡潔にできます。

コード5-36　 **○GOOD** さらなるリファクタリングの適用結果

```
class ... {
    private val userNameTextView: View = createUserNameTextView()
    private val profileImageView: View = createProfileImageView()

    init {
        ... // その他の初期化処理
    }
}
```

5-2-2　早期リターン

　関数を実行した結果、関数の主な目的を達成できるケースとそうでないケースがあります。ここでは、それらのケースをそれぞれ**ハッピーパス**（happy path）と**アンハッピーパス**（unhappy path）と言います。例として、文字列のレシーバを整数値に変換する関数 `String.toIntOrNull` で説明します。この関数では、整数値に変換できる状況はハッピーパスで、整数値に変換できず、`null` を返す状況はアンハッピーパスになります。具体的には、レシーバが `"-1234"`・`"0"`・`"+001"`・`"-2147483648"` などの値の場合はハッピーパスです。しかし、`"--0"`・`"text"`・`""` のように整数として不正な値や `"2147483648"` のようなオーバーフローする値の場合は、アンハッピーパスになります。

　ハッピーパスとアンハッピーパスで異なる処理を実装する場合は、それらを混在させてしまうと関数の可読性が下がります。**[コード5-37]** では、`if` によってハッピーパス・アンハッピーパスの分岐を行っています。しかし、本来目立つ場所にあるべきハッピーパスの処理が、深いネストの中に書かれているため、この関数の主な目的や、それを処理するコードの場所が分かりにくくなっています。さらに、アンハッピーパスの条件分岐とそれに対応する処理が離れた場所に置かれることも問題です。例えば、`showNetworkUnavailableDialog` を実行する条件を知りたい場合、`isNetworkAvailable` の条件分岐が離れた場所にあるため、読み返しの範囲が大きくなってしまいます。

コード5-37　**✕ BAD**　ハッピーパスとアンハッピーパスの分離がされていない例

```kotlin
if (isNetworkAvailable()) {
    val queryResult = queryToServer()
    if (queryResult.isValid) {
        // ハッピーパスの実装
        ...
        ...
        ...
    } else {
        showInvalidResponseDialog()
    }
} else {
    showNetworkUnavailableDialog()
}
```

ハッピーパスの処理コードを目立たせ、かつ、アンハッピーパスの条件と処理をまとめるためには、**早期リターン**（return early / early return）を活用するとよいでしょう。早期リターンでは、関数の最初でアンハッピーパスの処理をまとめ、`return` で脱出します。結果として、関数最初の部分以外はハッピーパスの処理となるため、流れを理解しやすくなります。また、アンハッピーパスの条件とその処理コードの位置が近いため、それらの関係もより明確になります。**[コード5-37]** に早期リターンを適用すると、**[コード5-38]** のようになります。

コード5-38 　**○ GOOD** 　コード5-37に早期リターンを適用した例

```
if (!isNetworkAvailable()) {
    showNetworkUnavailableDialog()
    return
}
val queryResult = queryToServer()
if (!queryResult.isValid) {
    showInvalidResponseDialog()
    return
}

// ハッピーパスの実装
...
...
...
```

　ただし、早期リターンを使う際には、いくつか注意点があります。ここでは、「分かりにくいリターンを避ける」ことと「不要なアンハッピーパスを作らない」ことの2点を紹介します。

●早期リターンの注意点1：分かりにくいリターンを避ける

　早期リターンに用いる `return` は、分かりやすい場所に置く必要があります。アンハッピーパスに対するリターンを `when`（Javaでは `switch`）といった分岐の一部に埋め込んだり、ネストされたラムダの内部から非ローカルなリターンを行ったりすると、アンハッピーパスの条件が分かりにくくなります。その結果 `return` を見落としやすくなり、将来、関数を変更した際にバグの原因にな

るでしょう。[コード5-39]では、when の一部の分岐でだけ早期リターンを行っ
ています。この例では、まだ return の条件はすぐに分かるかもしれませんが、
他のアンハッピーパスやネストといった要素が増えてくると、可読性が急激に低
下するでしょう。

コード5-39　**✕ BAD**　when の一部の分岐で早期リターンを行っている例

```kotlin
enum class ThemeType { LIGHT, DARK, INVALID }

fun setThemeBackgroundColor(themeType: ThemeType) {
    val argbColor = when (themeType) {
        ThemeType.LIGHT -> WHITE_ARGB_COLOR
        ThemeType.DARK -> BLACK_ARGB_COLOR
        ThemeType.INVALID -> return // この `return` は見落とされやすい。
    }

    someView.setBackgroundColor(argbColor)
    anotherView.setBackgroundColor(argbColor)
    yetAnotherView.setBackgroundColor(argbColor)
}
```

　リターンを関数の先頭に移動しつつ、全ての分岐が網羅されていること保証す
るためには、ハッピーパスとアンハッピーパスで型を分けるとよいでしょう。こ
の例では ThemeType から INVALID を削除し、代わりにラッパークラス・
sealed class・null を用いてアンハッピーパスを表現することができます。
仮に null を用いたとすると、[コード5-40]のように書き換えられます。

コード5-40　**○ GOOD**　コード5-39の早期リターンを関数の先頭に移動させる例

```kotlin
enum class ThemeType { LIGHT, DARK }

fun setThemeBackgroundColor(themeType: ThemeType?) {
    if (themeType == null) {
        return
    }

    val argbColor = when (themeType) {
```

```
        ThemeType.LIGHT -> WHITE_ARGB_COLOR
        ThemeType.DARK -> BLACK_ARGB_COLOR
    }

    someView.setBackgroundColor(argbColor)
    anotherView.setBackgroundColor(argbColor)
    yetAnotherView.setBackgroundColor(argbColor)
}
```

●早期リターンの注意点2：不要なアンハッピーパスを作らない

　早期リターンを適用する前に、そのアンハッピーパスが本当に必要なものかを確認するべきです。アンハッピーパスを「特殊な」ハッピーパスとみなすことで、早期リターンそのものが不要になることがあります。例えば、先述の**[コード5-39]**の動作は「`ThemeType.INVALID` の場合、背景色を変更しない」というものでした。しかし、仮に「`INVALID` の場合は `LIGHT` にフォールバックする」という仕様ならば、**[コード5-41]**のように早期リターンは不要になります。

コード5-41　**○GOOD**　アンハッピーパスとハッピーパスの統合

```
fun setThemeBackgroundColor(themeType: ThemeType) {
    val argbColor = when (themeType) {
        ThemeType.DARK -> BLACK_ARGB_COLOR
        ThemeType.LIGHT, ThemeType.INVALID -> WHITE_ARGB_COLOR
    }

    someView.setBackgroundColor(argbColor)
    anotherView.setBackgroundColor(argbColor)
    yetAnotherView.setBackgroundColor(argbColor)
}
```

　もし、`ThemeType` に対する網羅性を保証しなくてよいのであれば、マップを使ってフォールバック先の値を明示するのもよいでしょう（**[コード5-42]**）[12]。

---

[12]　実装で網羅性を保証しない場合、代わりにユニットテストなどで保証するのが好ましいです。詳しくは、5-2-3「操作対象による分割」の「すべての分岐が網羅されていることを保証しにくい場合」を参照してください。

コード 5-42 **○GOOD** マップを用いたフォールバック先の強調

```
private val THEME_TO_ARGB_COLOR_MAP: Map<ThemeType, Int> = mapOf(
    ThemeType.LIGHT to WHITE_ARGB_COLOR,
    ThemeType.DARK to BLACK_ARGB_COLOR
)

fun setThemeBackgroundColor(themeType: ThemeType) {
    val argbColor = THEME_TO_ARGB_COLOR_MAP[themeType] ?: WHITE_ARGB_COLOR

    someView.setBackgroundColor(argbColor)
    anotherView.setBackgroundColor(argbColor)
    yetAnotherView.setBackgroundColor(argbColor)
}
```

　また、アンハッピーパスの処理を呼び出し先に移動することで、呼び出し元の
コードでは、そのアンハッピーパスを「特殊な」ハッピーパスとして取り扱うこと
も可能です。**[コード 5-43]** では、setBackgroundColor の引数を null 許容
型に変更しています。setBackgroundColor 内部では、null をアンハッピー
パスとして、早期リターンが可能です。このようにアンハッピーパスを呼び出し
先に隠蔽することで、呼び出し元は INVALID を null に変換すれば十分にな
り、INVALID もハッピーパスの一部とみなせるようになります。

コード 5-43 **○GOOD** 呼び出し先におけるアンハッピーパスの隠蔽

```
class View {
    fun setBackgroundColor(argbColor: UInt?) { // UInt から UInt? に変更
        if (argbColor == null) {
            return
        }

        // 背景色を設定
        ...
    }
}

fun setThemeBackgroundColor(themeType: ThemeType) {
    val argbColor = when (themeType) {
        ThemeType.LIGHT -> WHITE_ARGB_COLOR
```

```
        ThemeType.DARK -> BLACK_ARGB_COLOR
        ThemeType.INVALID -> null
    }

    someView.setBackgroundColor(argbColor)
    anotherView.setBackgroundColor(argbColor)
    yetAnotherView.setBackgroundColor(argbColor)
}
```

5-2-3 操作対象による分割

　関数を分割するときに、いくつかの分割方法が候補に上がることがあります。典型的なものは、条件分岐で分割する方法と、操作の対象によって分割する方法です。多くの場合は、条件分岐ではなく、先に操作の対象で分けるべきでしょう。本書ではこれを**操作対象による分割**（split by object）と呼びます。

　例として、[**表5-1**] に示されるように、アカウント種別を表示するロジックを考えます。アカウント種別には、プレミアムアカウントと無料アカウントの2つがあります。表示する要素には背景とアイコンがあり、それぞれ背景色とアイコン画像がアカウント種別によって変わるという仕様です。

条件 操作対象	プレミアムアカウント	無料アカウント
背景色	赤色	灰色
アイコン画像		

表5-1　アカウント種別とその表示

　この場合、関数をアカウント種類ごとに分割するか、表示する要素によって分割するかの2つの方法が考えられます。ここで、「操作対象による分割」に従うならば、表示する要素によって関数を分割するべきです。その理由について、まず、アカウント種別によって分割したときに発生する問題を説明します。

●アンチパターン：先に条件によって分割する

アカウント種類によって関数を分割する、つまり、条件分岐によって関数を分割すると、[コード5-44]のようになるでしょう。

コード5-44　❌ BAD　条件分岐によって関数を分割した例

```kotlin
enum class AccountType { PREMIUM, FREE }

/**
 * アカウントの種類（プレミアム・フリー）に応じて、レイアウトを更新する。
 */
fun updateAccountLayout(accountType: AccountType) {
    when (accountType) {
        AccountType.PREMIUM -> updateViewsForPremium()
        AccountType.FREE -> updateViewsForFree()
    }
}

private fun updateViewsForPremium() {
    backgroundView.color = PREMIUM_BACKGROUND_COLOR
    accountTypeIcon.image = resources.getImage(PREMIUM_IMAGE_ID)
}

private fun updateViewsForFree() {
    backgroundView.color = FREE_BACKGROUND_COLOR
    accountTypeIcon.image = resources.getImage(FREE_IMAGE_ID)
}
```

このコードは、可読性や頑健性について2つの問題があります。

- `updateAccountLayout` を見ただけでは、この関数が何をするかが分からない
- 新たな要素を追加しようとしたときに、条件と要素の組み合わせの完全性が保証できない

まず1つ目の「関数が何をするかが分からない」について説明します。`updateAccountLayout` は条件による分岐のみに責任を持ち、`updateViews`

第5章 関数

ForPremium か updateViewsForFree を呼び出します。更新の対象となる要素は各 updateViewsFor... 内に隠蔽されているため、updateAccountLayout を読むだけでは、具体的に何の要素が更新されるか分かりません。そのため、updateAccountLayout のドキュメンテーションには、「アカウントの種類に応じて、レイアウトを更新する」のように曖昧な記述しかできないでしょう。もし、無理に updateViewsFor... の内容に踏み込んで具体性の高いドキュメンテーションを書いてしまうと、updateViewsFor... の仕様変更時にドキュメンテーションの更新を忘れてしまい、ドキュメンテーションの内容と動作の整合性が失われてしまうかもしれません。結果として、単に updateAccountLayout を使いたい場合でも、すべてのコードの確認が求められるでしょう。

　次に2つ目の「完全性が保証できない」という点について説明します。仮に新しいアカウント種別 BUSINESS を追加したとき、[コード5-45]のように updateViewsForBusiness という補助的な関数を追加することになります。

コード5-45　**✕ BAD**　新しいアカウント種別を追加するときに作る関数

```
private fun updateViewsForBusiness() {
    backgroundView.color = BUSINESS_BACKGROUND_COLOR
    accountTypeIcon.image = resources.getImage(BUSINESS_IMAGE_ID)
}
```

　表示する要素は、現時点ではアイコンと背景だけなので、そのどちらかの実装を忘れることはないでしょう。しかし、もし表示する要素が4つ、5つと増えた場合、そのうちどれかを実装し忘れる可能性があります。そして、実装の漏れがあったとしても、コンパイル時に何のエラーも起きません。その結果、動作を確認する段階で初めてバグに気がつくという事態になります。

　新たなアカウント種別を追加するときだけではなく、表示する要素を新たに追加する場合でも、同じ議論が当てはまります。例として、アカウント種別を文字列として表示する機能を追加することを考えましょう。文字列を表示するビューを accountTypeTextView とした場合、updateViewsForPremium は[コード5-46]のように更新されます。

コード5-46 **✕ BAD** 新しい要素を追加したときの `updateViewsForPremium`

```
private fun updateViewsForPremium() {
    backgroundView.color = PREMIUM_BACKGROUND_COLOR
    accountTypeIcon.image = resources.getImage(PREMIUM_IMAGE_ID)
    accountTypeTextView.text = "PREMIUM!"
}
```

[コード5-46]と同様の変更を、すべてのアカウント種別の関数、例えば `update
ViewsForFree` にも適用しなくてはなりません。このとき、アカウント種別が多
くなってくると、特定の種別で `accountTypeTextView` の追加を忘れかねません。
さらに、もし新たなアカウント種別と表示する要素の追加が同時に行われると、
より深刻な状況を引き起こします。アカウント種別 BUSINESS と文字列表示が同
時に実装されると、`updateViewsForBusiness` の関数内で追加されるべ
き `accountTypeTextView` が未実装になってしまいます。このときにはコンパ
イルエラーも発生しないため、バグにしばらく気がつかないという事態にもなるで
しょう。

● 改善例：先に表示対象によって分割する

「操作対象による分割」を適用する場合、つまり表示する要素で関数を分割す
る場合は、先述した2つの問題「関数が何をするかが分からない」と「完全性が保
証できない」を解決できます。分割した例を、[コード5-47]に示します。

コード5-47 **◉ GOOD** 操作対象によって関数を分割した例

```
/**
 * 与えられたアカウントの種別に応じて、背景色とアイコン画像を更新する。
 */
fun updateAccountLayout(accountType: AccountType) {
    updateBackgroundViewColor(accountType)
    updateAccountTypeIcon(accountType)
}

private fun updateBackgroundViewColor(accountType: AccountType) {
    backgroundView.color = when (accountType) {
        AccountType.PREMIUM -> PREMIUM_BACKGROUND_COLOR
```

```
            AccountType.FREE -> FREE_BACKGROUND_COLOR
        }
    }

    private fun updateAccountTypeIcon(accountType: AccountType) {
        val resourceId = when (accountType) {
            AccountType.PREMIUM -> PREMIUM_IMAGE_ID
            AccountType.FREE -> FREE_IMAGE_ID
        }
        accountTypeIcon.image = resources.getImage(resourceId)
    }
}
```

　まず、「関数が何をするか」が分かりやすくなっているかどうかを確認しましょう。この分割の方法では、PREMIUM_BACKGROUND_COLOR などの具体的な値は隠蔽されていますが、表示する要素については updateBackgroundViewColor と updateAccountTypeIcon という関数の名前によって知ることができます。関数の名前が具体的なので、updateAccountLayout のドキュメンテーションで「背景色とアイコン画像を更新する」ことについて言及でき、可読性が向上しています。

　操作対象による分割では、アカウント種別と表示する要素の組み合わせの完全性についても保証しやすくなっています。各 update... の関数内では、Kotlinの when 式によって、全てのアカウント種別が網羅されていることが保証されています。新しいアカウント種別 BUSINESS を追加するときは、全ての update... の関数内に BUSINESS を追加する必要がありますが、仮に追加忘れが発生しても、コンパイルエラーによって検出することができます。一方で、表示する要素を追加する場合は、新たに updateAccountTypeText のような関数を追加することになります。追加された関数の中でも when 式を使うことによって、全アカウント種別が網羅されていることを保証できます。

● さらなるリファクタリング

　「操作対象による分割」を適用した場合、さらなるリファクタリングができることもあります。[コード5-47] にリファクタリングを施すと、[コード5-48] のようにもできます。このリファクタリング例では、各 get... 関数の責任が、アカウント種別に対応するアイコンや背景色を返すことのみに限定されています。

そして、値の更新は呼び出し元の `updateAccountLayout` の中で行っています。このようにすることで、`updateAccountLayout` の副作用として何があるかが、より明確になります。特に `getBackgroundArgbColor` については、参照透過性[*13] も満たしています。

コード 5-48　**⊘GOOD** 副作用を呼び出し元に移動するリファクタリング

```kotlin
fun updateAccountLayout(accountType: AccountType) {
    backgroundView.color = getBackgroundArgbColor(accountType)
    accountTypeIcon.image = getAccountTypeIconImage(accountType)
}

private fun getBackgroundArgbColor(accountType: AccountType): Int =
    when (accountType) {
        AccountType.PREMIUM -> PREMIUM_BACKGROUND_COLOR
        AccountType.FREE -> FREE_BACKGROUND_COLOR
    }

private fun getAccountTypeIconImage(accountType: AccountType): Image {
    val resourceId = when (accountType) {
        AccountType.PREMIUM -> PREMIUM_IMAGE_ID
        AccountType.FREE -> FREE_IMAGE_ID
    }
    return resources.getImage(resourceId)
}
```

より一層踏み込んだリファクタリングとして、「条件を示すクラス」にプロパティを保持させる方法があります。`AccountType` は条件分岐に使われるため、条件を示すクラスとみなせます。[コード 5-49] は、`AccountType` のプロパティとして背景色やアイコンのIDを定義し、より見通しのよいコードにした例です。

コード 5-49　**⊘GOOD** 「条件を示すクラス」にプロパティを保持させるリファクタリング例

```kotlin
enum class AccountType(
    val backgroundArgbColor: UInt,
    val iconResourceId: Int
```

[*13] 「式」と「式の値」を互いに置き換えても、振る舞いが変化しないという性質のことです。「式」が関数の場合は、その関数の戻り値が引数によってのみ決まり、かつ、副作用を持たない性質のことを指します。

```
) {
    PREMIUM(PREMIUM_BACKGROUND_COLOR, PREMIUM_IMAGE_ID),
    FREE(FREE_BACKGROUND_COLOR, FREE_IMAGE_ID),
}

fun updateAccountLayout(accountType: AccountType) {
    backgroundView.color = accountType.backgroundArgbColor
    accountTypeIcon.image = resources.getImage(accountType.iconResourceId)
}
```

　「条件を示すクラス」にプロパティを保持させる方法は、そのクラスを使う目
的が限定される場合に有効です。条件を示すクラスが複数の目的で使われるにも
かかわらず、プロパティを保持させてしまうと、責任の肥大化を招きます。[コー
ド5-50]の `backgroundArgbColor` と `iconResourceId` はUIを表示するた
めのプロパティですが、`jsonValue` はネットワーク越しに `AccountType` の値
を送受信するためのプロパティです。今後、プロパティをさらに追加していくと、
そのプロパティに変更があったときの影響範囲が分かりにくくなります。

コード5-50　**✕ BAD**　異なる目的のプロパティを保持するクラス

```
enum class AccountType(
    val backgroundArgbColor: UInt,
    val iconResourceId: Int,
    val jsonValue: String
) {
    PREMIUM(...),
    FREE(...),
}
```

　条件を示すクラスが複数の目的で使われる場合は、[コード5-51]の `Account
ViewData` ように、プロパティをまとめるクラスをその目的ごとに分けて定義
するとよいでしょう。`AccountViewData` はUI表示のためだけに使われるため、
値を送受信するコードからは独立させることができます。

コード 5-51 ◎GOOD 「条件を示すクラス」とは別に定義したクラスにプロパティをまとめる例

```kotlin
// この列挙型は、UI表示以外のためにも使われる。
enum class AccountType { PREMIUM, FREE }

// このクラスは、UI表示を行うパッケージやモジュールで定義される。
class AccountViewData(
    val backgroundArgbColor: UInt,
    val iconResourceId: Int
) {
    companion object {
        fun from(accountType: AccountType): AccountViewData =
            when (accountType) {
                AccountType.PREMIUM ->
                    AccountViewData(PREMIUM_BACKGROUND_COLOR, PREMIUM_IMAGE_ID)
                AccountType.FREE ->
                    AccountViewData(FREE_BACKGROUND_COLOR, FREE_IMAGE_ID)
            }
    }
}

class ... {
    fun updateAccountLayout(accountType: AccountType) {
        val viewData = AccountViewData.from(accountType)
        backgroundView.color = viewData.backgroundArgbColor
        accountTypeIcon.image = resources.getImage(viewData.iconResourceId)
    }
}
```

●全ての分岐が網羅されていることを保証しにくい場合

Kotlinの when 式のような仕組みを持たない言語については、すべての列挙子が網羅されているかを、直接的に保証することは難しくなります（例：Python、Java 11 やそれ以前のバージョン*14）。そのような言語で「操作対象による分割」を行う場合は、[コード 5-49]のように列挙型のプロパティとして埋め込んだり、多相性で代替するのも1つの選択肢です。

また、条件分岐で列挙の完全性を保証できない場合でも、列挙子の一覧を取得で

＊14 Java 12 以降は、switch 式によって列挙子の分岐の完全性を保証できます。switch 式は、Java 12 および13ではプレビュー版として利用可能で、Java 14 以降ではスタンダード版として利用可能です。

きるならば、ユニットテストによって完全性を保証できます。Java 11の `switch`
文は完全性を保証できませんが、`Enum#values` で列挙子の一覧を取得できます。
この列挙子の一覧を使い、未知の列挙子が存在しないことをユニットテストで確
認すればよいでしょう。`getBackgroundArgbColor` をJava 11で実装する場合、
`default` を使い、未定義な列挙子に対してエラー値(`null` や `Option#empty`、
デフォルトの値など)を返すか、例外を投げるようにしておきます([**コード
5-52**])*15。

コード5-52 Java(バージョン11以下)の `switch` と `default` を用いた実装

```java
enum AccountType { PREMIUM, FREE }

@Nullable
Integer getBackgroundArgbColor(@NotNull AccountType accountType) {
    switch(accountType) {
        case PREMIUM:
            return PREMIUM_BACKGROUND_COLOR;
        case FREE:
            return FREE_BACKGROUND_COLOR;
        default:
            return null;
    }
}
```

[**コード5-52**] では、`AccountType` に新たな列挙子が追加されても、コンパイ
ルエラーとしては検出できません。そこで [**コード5-53**] のように、ユニットテス
トで「すべての列挙子でエラー値が返されない」ことを保証しましょう。さらに、
このユニットテストが失敗したときにどこを修正すればよいかの指示を、テストの
コメントやエラーメッセージで書いておくと、コードの変更がより容易になります。

---

*15　`getBackgroundArgbColor` に未定義の `AccountType` が渡されることはありえないはずなので、本来は `null`
　　を返すよりも `IllegalArgumentException` を投げる方が適切でしょう。今回は、[**コード5-54**] との比較のため
　　にあえて `null` を返すコードにしています。また、`null` をエラー値として使う場合は、`@NotNull`・`@Nullable`
　　といったアノテーションを使い、静的解析によって間違いを検出できるようにしてください。

コード5-53　**⭕GOOD** すべての列挙子が網羅されていることを保証するユニットテスト

```
@Test
void test_getBackgroundColor_convertsAllAccountTypes() {
    for (AccountType type : AccountType.values()) {
        assertNotNull(
                type + " に対応する `getBackgroundArgbColor` の実装がない",
                testTarget.getBackgroundArgbColor(type));
    }
}
```

列挙子が網羅されることをユニットテストで保証できるならば、[コード5-52]
以外の手段も使えます。例えば、[コード5-54]のように EnumMap を使っても、
getBackgroundColor に相当する機能を実装できます。

コード5-54　**⭕GOOD** getBackgroundColor の代わりに EnumMap を用いた例

```
static final EnumMap<AccountType, Integer>
        ACCOUNT_TYPE_TO_BACKGROUND_ARGB_COLOR_MAP =
        new EnumMap<>(AccountType.class);

static {
    ACCOUNT_TYPE_TO_BACKGROUND_ARGB_COLOR_MAP
            .put(AccountType.PREMIUM, PREMIUM_BACKGROUND_ARGB_COLOR);
    ACCOUNT_TYPE_TO_BACKGROUND_ARGB_COLOR_MAP
            .put(AccountType.FREE, FREE_BACKGROUND_ARGB_COLOR);
}
```

[コード5-52]と[コード5-54]のどちらの方法を選んだとしても、[コード5-51]と
同様にプロパティをまとめるクラスを定義することで、さらなる改善が見込まれ
ます。

● 早期リターンと操作対象による分割の優先順位
　早期リターンはある意味、条件によって関数を分割しているともみなせます。
つまり、「早期リターン」と「操作対象による分割」は、相反する側面をはらんで
いると言えるでしょう。これら2つの手法を同一関数内で使いたい場合、どちら

の手法を先に適用すべきかについて判断する必要があります。

1. 操作対象による分割を先に適用する：操作対象ごとに補助的な関数を作り、それぞれ補助的な関数の内部で早期リターンを行う。
2. 早期リターンを先に適用する：早期リターンでアンハッピーパスを排除したあと、ハッピーパスについて操作対象による分割を行う。

　基本的には、ハッピーパスとアンハッピーパスで操作対象が同一の場合、先に「操作対象による分割」を適用し、パスごとに操作対象が大きく異なる場合、先に「早期リターン」を適用するとよいでしょう。

　例として、ユーザのプロフィールを表示する機能（[コード5-55]）について考えましょう。この機能では、UserModel のプロパティを使って、名前やプロフィール画像などを表示します。ただし、UserModel のプロパティのいくつかは、エラー値になることを想定します。

コード5-55　ユーザのプロフィールを表示する機能の骨組み

```
fun updateProfileLayout(userModel: UserModel) {
    profileImageView.image = ...
    userNameView.text = ...
    ...
}
```

　プロパティにエラー値がある場合の処理は、仕様によって大きく変わります。その1つとして「エラー値があったとしても、ユーザの情報表示は更新し、エラーの処理は個別のビューで行う」という仕様が考えられます。この仕様では、正常な値についてはそのまま利用し、エラー値についてはその部分にだけ代替のテキストや画像を表示します。たとえ正常な値とエラー値が混在していても、すべてのビューが更新の対象になります。つまり、ハッピーパスであろうとアンハッピーパスであろうと、操作対象が変わることはありません。このような仕様に対しては、[コード5-56]のように「操作対象による分割」を先に適用するとよいでしょう。そうすると、それぞれの補助的な関数内で、早期リターンをするか、ハッピーパスとして取り扱うかを決めることができます。

コード5-56 ○**GOOD** 操作対象による分割を先に適用する例

```
fun updateProfileLayout(userModel: UserModel) {
    profileImageView.image = getProfileImageBitmap(userModel)
    userNameView.text = getUserNameText(userModel)
    ...
}


// 補助的な関数内で早期リターンを適用している例
// プロパティがエラーの値なら、エラーの画像を返却
private fun getProfileImageBitmap(userModel: UserModel): Bitmap {
    val rawBitmap = userModel.profileImageBitmap
        ?: return ERROR_PROFILE_IMAGE_BITMAP

    // ハッピーパスの処理：背景色を設定したり、サイズ調整したり...
    val profileBitmap = ...
    ...
    return profileBitmap
}

// 補助的な関数内で早期リターンを適用しない例
// ロジックが十分に単純なら、早期リターンは過剰
private fun getUserNameText(userModel: UserModel): String =
    userModel.userName?.applyNameStyle() ?: ERROR_USER_NAME
```

一方で、「エラー値が1つでも存在するならば、ユーザの情報表示は更新せず、代わりにエラーダイアログを表示する」という仕様も考えられます。この仕様では、ハッピーパスとアンハッピーパスで大きく処理が異なります。このような場合、[コード5-57]のように「早期リターン」を先に適用するとよいでしょう。そして、早期リターン後に「操作対象による分割」を適用すると、見通しのよいコードになります。

コード5-57 ○**GOOD** 早期リターンを先に適用する例

```
fun updateProfileLayout(userModel: UserModel) {
    // 早期リターンで、プロパティがエラー値を持つケースを排除する。
    if (
        userModel.userName == null ||
```

```
        userModel.profileImage == null ||
        ...
    ) {
        showInvalidUserDialog()
        return
    }

    // ハッピーパスでは、すべてのプロパティがエラーでないことを前提にできる。
    // さらに条件分岐が必要な場合は、操作対象ごとに補助的な関数を作ればよい。
    profileImageView.image =
        createDecoratedBitmap(userModel.profileImageBitmap)
    userNameView.text =
        userModel.userName.applyNameStyle()
    ...
}
```

　クラス構成やモジュール構成がより複雑になると、早期リターンと操作対象による分割が交互に現れる場合もあります。どちらを先に適用するかについて、順番を1ヶ所変えるだけでも、可読性や頑健性が大きく変わることがあります。仕様の変更も考慮に入れた上で、最適な組み合わせを探しましょう。

5-3 | まとめ

　本章では、関数の動作を予測可能なものにするために、関数の責任と流れを明確にすることの重要性について述べてきました。その時点で責任や流れが明確になっているかどうかは、関数の名前の決めやすさや、ドキュメンテーションの要約の書きやすさで確認することができます。そして、関数の責任を明確にするためには、「単一責任の原則」を関数にも適用することが重要であり、その一例としてコマンドとクエリを分割することを紹介しました。一方、関数の流れを明確化するための手法として、「定義指向プログラミング」・「早期リターン」・「操作対象による分割」の3つを紹介しました。

　複数のクラスを組み合わせることで、より複雑で高度なクラスを作ることができます。2つのクラスを組み合わせるとき、「別のクラスを使うクラス」と「別のクラスに使われるクラス」という関係が生まれます。この章では、この関係のことを「依存関係」と言い、別のクラスを使う側を**依存元**、別のクラスに使われる側を**依存先**と定義します。本来、「依存関係」はクラスだけに対して使う言葉ではなく、関数・スコープ・モジュールなどの幅広い概念を対象とした言葉です。ただし、議論を簡略にするため、本章では特にクラスやそのインスタンス同士の依存関係を中心に取り上げて説明します。

6-1 ｜ 依存関係の例

　「クラス X が別のクラス Y に依存している」という明らかな例として、以下のような状況が挙げられます。つまり、これらの状況では、X が依存元であり、Y が依存先になります。

　　－ X がプロパティとして Y のインスタンスを持つ

- X のメソッドが Y を引数として取るか、戻り値として返す
- X 中で Y のメンバ(メソッド・プロパティ)にアクセスする
- X が Y を継承している

　このような依存関係は、コードを書く上で必要不可欠な要素です。しかし、その依存関係は適切に取り扱わないと、可読性や頑健性を簡単に損ねてしまいます。[コード6-1] では、2つのクラス X と Y が、プロパティとして相互にインスタンスを持っています。そして、X.func1 を呼び出すと、それが Y.func2 を呼び出し、さらに X.func3 が呼び出されるという巡回した構造になっています。このような構造で、func1 の動作を理解するためには、まず Y の詳細を知らなくてはなりません。しかし、Y もまた X に依存しているため、func1 が何をしているのかを把握するのは難しいでしょう。さらに言うと、func2 の呼び出し元となる X のインスタンスと、func3 のレシーバが同一であることは、Y のクラス定義だけを見ても分かりません。これを確認するには、Y のコンストラクタの呼び出しと、Y.func2 の呼び出しを全て調べ上げる必要があります。

コード6-1　**✕ BAD** 相互に依存しているクラス

```
class X {
    private val y = Y(this)

    fun func1() {
        y.func2()
    }

    fun func3() { ... }
}

class Y(private val x: X) {
    fun func2() {
        x.func3()
    }
}
```

ここまで極端なコードが作られるのは、まれなことだと思う人もいるでしょう。しかし、機能拡張に伴い徐々にコードが肥大化していく中で、依存関係を意識せずに「必要最小限」の変更を繰り返した結果、コード全体としての依存関係が破綻することは十分にありえます。

　もう1つ、依存関係で厄介な要素を取り上げましょう。[コード6-2] の Y に着目すると、一見 X には依存していないように見えます。しかし、X.func1 では自分自身を Y に渡しているため、Y.anyObject は X のインスタンスを保持します。このように、個々のクラスの定義を見ただけでは気づきにくい依存関係もあるので、注意が必要です。

コード6-2　　**✕ BAD**　暗黙的に相互依存しているクラス

```
class X {
    private val y = Y()

    fun func1() {
        y.func2(this)
    }
}

class Y {
    private var anyObject: Any? = null

    fun func2(obj: Any) {
        anyObject = obj
    }
}
```

　この章では、依存関係をどう管理するべきかについて、依存の強さ・方向・重複・明示性の4つの観点から説明します。端的に言うと、弱く、巡回や重複がなく、明示的な依存関係が好ましいです。各節では、なぜそのような依存関係が好ましいのかと、どのようなコードを書けば実現できるのかについて解説します。

6-2 | 依存の強さ：結合度

依存関係の強さを示す指標に**結合度**があります。この結合度を強い順に並べると、以下のようになります。

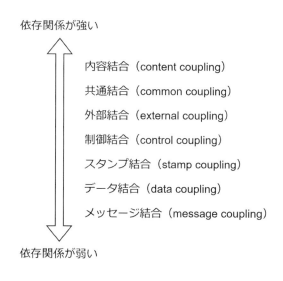

図6-1 結合度

ここでは、基本的に「Reliable software through composite design」[1]の定義に準じて議論します[2][3]。

特別な理由がない限りは、コードの可読性・頑健性・保守性を保つためにも、より弱い結合を使用してください。特に内容結合・共通結合・外部結合については、多くの場合で、より弱い結合に置き換えるべきです。また、制御結合の使用

---

[1]　Glenford J. Myers. 1975. Reliable software through composite design. Litton Educational Publishing, Inc.

[2]　原著においては、結合度はモジュール（本書における関数）の依存の強さの指標として使っていますが、本書ではそれをクラス間の依存の強さに拡張して議論します。また、原著ではメッセージ結合は定義されていませんでした。メッセージ結合については、「Software Architect's Handbook」の定義に従います。（Joseph Ingeno. 2018. Software Architect's Handbook: Become a successful software architect by implementing effective architecture concepts. Packt Publishing Ltd.）

[3]　特に外部結合の定義は、文献によって全く異なる場合があります。

は避けられないことも多いですが、結合の範囲を制限するといった工夫も必要です。ここでは、それぞれの結合度について緩和・制限する方法や、その結合度が妥当と言える条件について解説します。

6-2-1 　内容結合

内容結合は依存関係の中で最も強いものです。これは以下の例のように、隠蔽されるべきコードの詳細に依存すると発生します[*4]。

- 依存先のコードを変更する
- 依存先に隠蔽された変数を、外部から参照する
- 依存先の内部のコードに直接ジャンプする

明示的にリフレクションなどを使用しない限りは、多くの近代的なプログラミング言語でこのようなコードを書くのは困難でしょう。しかし、近代的な言語を使っていても、簡単に「内容結合と同等の強さの結合」を作ることができてしまいます。極端なことを言えば、隠蔽するべきプロパティをすべてパブリックなものとして宣言すると、依存元は自由にプロパティを参照可能になります。他にも、クラス内に存在するすべてのステートメントを別々のメソッドとして定義すると、「内部コードに直接ジャンプする」ことさえ擬似的に再現できます。

隠蔽するべきプロパティをすべてパブリックにすることや、すべてのステートメントを別々のメソッドとして定義するのは極端な例ですが、類似する例は多岐にわたるため、注意が必要です。ここでは、「内容結合と同等の強さの結合」を作ってしまうようなアンチパターンとして、「不正な使い方が可能なコード」と「内部状態を共有するコード」について解説するとともに、その緩和策を紹介します。

●アンチパターン1：不正な使い方が可能なコード

使い方に注意が必要なコード、つまり不正な使い方ができてしまうコードよりも、そもそも安全な使い方しかできないコードの方が、可読性や頑健性の観点から優れています。不正な使い方ができてしまうコードの例としては、「関数を呼

[*4] 原著においては、詳細への依存を引き起こしやすいという理由で、2つのモジュール間でコードのコピーを共有している場合も、内容結合の一種としています。

び出す順序が限定されるコード」や「レシーバや実引数の状態に制約があるコード」が挙げられます。[コード6-3]では、`Caller` が `Calculator` に依存しているのですが、その目的は `Calculator.calculate` を用いて何らかの計算結果を得るためです。しかし、`Calculator` は、依存元の `Caller` が以下の2つの制約を満たすことを期待しています。

- `calculate` を呼び出す前後に、それぞれ `prepare` と `tearDown` を呼び出す
- 値の設定と取得に `parameter` と `result` のプロパティを用いる

コード6-3 **✕ BAD** 不正な使い方ができてしまうクラスとその使用例

```kotlin
class Calculator {
    var parameter: Int? = null
    var result: Int? = null

    fun prepare() { ... }
    fun calculate() { ... }
    fun tearDown() { ... }
}

class Caller {
    private val calculator: Calculator = ...

    // `Calculator` の使用例
    fun callCalculator() {
        calculator.parameter = 42

        calculator.prepare()
        calculator.calculate()
        calculator.tearDown()

        println(calculator.result)
    }
}
```

依存元に対して制約を設けることは、その制約に違反した場合、「不正な使い方」になることを意味します。**[コード6-3]** の `Calculator` では、`parameter` に値を代入し忘れた場合や、`prepare` もしくは `tearDown` を呼び忘れた場合、さらに `result` を取得する前に別の `calculate` を呼び出した場合などが不正な使い方になります。

　制約が多くなると、依存元のコードを変更した場合に、意図せずに不正な使い方を招くことがあります。例えば **[コード6-4]** のように、`tearDown` の呼び出しと `result` の取得の間に、`anotherCall` の呼び出しを追加したとしましょう。`callCalculator` を見ただけでは、このコードに問題はなさそうに見えます。しかし実際には、`anotherCall` 内部で `calculator.calculate` を呼び出しているため、`calculator.result` が上書きされてしまいます。こうなると、`callCalculator` で `result` を確認しても、期待した値を得ることはできません。

コード6-4 ❌ **BAD** バグを生じるコード6-3の使用例

```kotlin
fun callCalculator() {
    calculator.parameter = 42

    calculator.prepare()
    calculator.calculate()
    calculator.tearDown()

    anotherCall()

    // この `result` は、
    // `anotherCall` 内で呼び出した `calculate` の結果になっている。
    println(calculator.result)
}

private fun anotherCall() {
    calculator.parameter = 54

    calculator.prepare()
    calculator.calculate()
    calculator.tearDown()
    // この時点で、`calculator.result` は上書きされている。
}
```

●緩和策1：依存元に対する制約の最小化

[コード6-3]の問題の本質は、「関数の呼び出しと値の受け渡しの関係」と「関数の呼び出しの順序関係」の2つを、依存元が保証しなくてはいけないことです。これを解決するためには、以下の2つの改善を適用するとよいでしょう。

- 値の受け渡しに引数と戻り値を使い、関数呼び出しと値の受け渡しの関係を強制する
- 順番が決まっている関数の呼び出しを、依存先にまとめて隠蔽する

[コード6-5]は、これらの改善を Calculator のコードに適用した結果です。このコードでは、Calculator.calculate の呼び出しがアトミックである限り、先程のような不正な使い方はできません。また、仮にこの Calculator をスレッドセーフにしたいときでも、容易にコードを変更できるでしょう。

コード6-5　　**○GOOD** 不正な使い方の排除による改善

```kotlin
class Calculator {
    fun calculate(type: Int): Int {
        prepare()
        ... // 実際の計算
        tearDown()
        return ...
    }

    // `prepare` と `tearDown` はプライベート関数に変更
    private fun prepare() { ... }
    private fun tearDown() { ... }
}

class Caller {
    private val calculator: Calculator = ...

    fun callCalculator() {
        val result = calculator.calculate(42)
        println(result)
    }
}
```

依存元に対する制約を小さくするためには、デザインコンセプトやプログラミング原則を過剰に適用しないことが重要です。デザインコンセプトや原則は、あくまでも、可読性や頑健性の向上といった目的を達成するための手段であるべきです。例えば、5-1-2で示した「コマンド・クエリ分離の原則」を過剰に適用すると、コマンドの結果を取得する関数を、クエリとして分離しなくてはいけなくなります。そうすると、関数の呼び出しと結果の値の関係を強制することができず、[コード6-4] と同じ問題が発生します。

●アンチパターン2：内部状態を共有するコード

ある変数が複数のオブジェクト、とりわけ異なるクラスのインスタンスから更新される場合は、「その更新の責任をどのオブジェクトが持つべきか」を明確にしましょう。責任の所在を明確にすることで、変数の状態遷移を管理しやすくなります。その結果、不正な状態への遷移の可能性を排除しやすくなり、たとえバグが起きたとしてもその調査は容易になります。

更新に責任を持つオブジェクトが適切でないと、意図しない値で変数が更新されるバグや、想定外のタイミングで更新されるバグが起きやすくなります。[コード6-6] の UserListPresenter.userList は、その例の1つです。この UserListPresenter は、コンストラクタ引数として渡された userList を使ってユーザの一覧を表示します。userList は Caller によって更新され、その後 refreshViews を呼び出すことでリストの表示を更新します。

コード6-6　**✕ BAD** 内部状態を他のクラスと共有する例

```kotlin
class UserListPresenter(private val userList: List<UserModel>) {
    fun refreshViews() {
        ... // `userList` を使ってビューを更新
    }
}

class Caller {
    private val userList: MutableList<UserModel> = mutableListOf()
    private val presenter = UserListPresenter(userList)

    fun addUser(newUser: UserModel) {
```

```
        userList += newUser
        presenter.refreshViews()
    }
}
```

ここで1つ大きな問題があります。userList は UserListPresenter にとっ
て重要な情報であるにもかかわらず、UserListPresenter からは「どのクラ
スが userList を管理しているか」が分かりません。さらに Caller は、変更
可能なままそのリストを他のクラスに渡せてしまいます（[コード6-7]）。他のク
ラスで userList が変更されてしまうと、UserListPresenter の定義を見
ただけでは、誰がどのように更新したかを理解することができません。

コード6-7 　✕ BAD　リストを変更可能なまま他のクラスに渡す例

```
class Caller {
    private val userList: MutableList<UserModel> = mutableListOf()
    private val presenter = UserListPresenter(userList)
    private val anotherCaller: AnotherCaller = AnotherCaller(userList)

    ...
}

class AnotherCaller(mutableUserList: MutableList<UserModel>) {
    init {
        // ここでリストが変更されるという事実は、
        // `Caller` や `UserListPresenter` の定義を見ただけでは分からない。
        mutableUserList += UserModel(...)
    }
}
```

複数のオブジェクトが別々に userList を更新してしまうと、バグが発生した
ときに原因を追跡することも困難になります。バグが発見されるのは presenter
.refreshViews を呼び出したタイミングですが、その時点ではすでに
userList が更新されているので、refreshViews のコールスタックを見ても「誰
が更新したか」を調べることができません。また、AnotherCaller のコードを
見ただけでは、更新の結果として何が起こるか分かりにくいことも問題です。

userList と UserListPresenter の関係を知っているのは、そのコンストラクタを呼び出した Caller に限られます。そのため、AnotherCaller 内で間違った更新の仕方をしていても、そのコードを不審に思えなくなってしまいます。

さらに、userList の変更方法に制約を設けたい場合も、このコードは不適切です。例えば、UserListPresenter が想定している userList に対する操作は追加だけであり、削除や並び替えは想定していないかもしれません。しかし実際のところ、Caller は自由に userList を変更できてしまいます。たとえドキュメンテーションに制約を明記したとしても、すべての依存元がその制約に従っているかを検証することは困難です。特に、仕様変更などで後から制約を変更する必要がある場合は、既存のコードをかなり詳細に調べることが求められます。

●緩和策2：可変な状態に対する責任の明確化

[コード6-6] の問題を解決するためには、userList の変更の責任を UserListPresenter に集約すればよいでしょう。他のクラスがリストを更新するときは、リストを直接変更せず、UserListPresenter を介して行うようにします。[コード6-8] では、userList は UserListPresenter が管理しており、外部から直接更新することはできません。新たな要素を追加したい場合は、addUsers を介してのみ変更できます。

コード6-8 **○GOOD** userList の管理を UserListPresenter に限定する改善

```
class UserListPresenter {
    private val userList: MutableList<UserModel> = mutableListOf()

    fun addUsers(newUsers: List<UserModel>) {
        userList += newUsers
        ... // `userList` を使ってビューを更新
    }
}
```

外部から UserListPresenter に値を渡すときは、「不変な値のみを渡す」・「値をコピーする」・「copy-on-writeの仕組みを使う」などの方法を用いて、外部から

変更可能な値を保持しないようにしましょう。[コード6-8]の UserList Presenter.addUsers では += 演算子を使うことで、newUsers そのものの参照は関数の範囲でしか保持しない実装になっています。こうすることで、addUsers が完了した後に newUsers が更新されたとしても、UserList Presenter への影響はないことが保証されます。

6-2-2　共通結合と外部結合

　共通結合と外部結合の2つの依存関係は、誰もが読み書きできる場所を使って値の受け渡しをすると発生します。共通結合と外部結合の典型的な例として、以下の3つが挙げられます。

- グローバル変数を使って値の受け渡しを行う
- 可変なシングルトンを使う
- IO（ファイル・ネットワーク・外部デバイスなど）や共有メモリなど、コードから単一のものとして見えるリソースを利用する*5

　このうちグローバル変数や可変なシングルトンを使った場合、不要な共通結合・外部結合を招く可能性があります。しかし、「単一のものとして見えるリソース」については、本当に必要なときに使うのであれば問題ありません。例えば、データを永続化するためにファイルを利用したり、プロセス間通信のために共有メモリを使うことは全く問題ないでしょう。これらは、必要不可欠な共通結合・外部結合とみなせます。一方、オブジェクト間で値を渡すだけの目的で、ファイルを使うことは避けるべきです。

　共通結合と外部結合の違いは、受け渡しする値の種類によって決まります。受け渡しする値が、何らかのデータ構造を持つなら共通結合であり、Int といった基本的な単一のデータなら外部結合となります。なお、6-2-4で取り扱う「スタンプ結合」と「データ結合」の違いも同様に、渡す値の種類によって決まります。この値の種類については、当該の節で解説します。

　この節では、共通結合と外部結合の例として挙げた3つの内、グローバル変数

と可変なシングルトンの解説に集中します。

●**アンチパターン1：グローバル変数を用いた値の受け渡し**

　関数を呼び出す際、値の受け渡しには引数と戻り値を使うことが基本です。こ
こで、もしグローバル変数[*6]を使うと、値の受け渡しと関数呼び出しの関連がな
くなるため、可読性と頑健性が損なわれます。

　[コード6-9]では、`Calculator.calculate` の関数を呼び出す際に、
`parameter` や `result` という変数を用いて値の受け渡しを行っています。し
かしこの値の渡し方には、関数の呼び出しと値の関係をコードから読み取れない
という問題があります。仮に、`calculate` が複数回呼び出される場合、それぞ
れの呼び出しと `parameter` や `result` の値の対応づけが困難になるでしょう。
特に、`Calculator` や `Caller` のインスタンスが複数ある場合や、依存元が増
えた場合、非同期もしくは並行に実行されるコードがある場合で、この問題は顕
著に現れます。他にも、このコードでは `parameter` への代入を忘れたま
ま `calculate` を呼び出せるといった、不正な使い方を排除できない問題もあ
ります。これは、[コード6-4]で示した内容結合と同じ問題を抱えていると言え
るでしょう。

コード6-9　**✕ BAD**　グローバル変数を使った値の受け渡し

```kotlin
var parameter: Int? = null
var result: Int? = null

class Calculator {
    fun calculate() {
        result = parameter + ... // 計算を実行
    }
}

class Caller {
    private val calculator: Calculator = ...

    fun callCalculator() {
```

[*6]　Kotlinではトップレベルの変数と言います。

```
        parameter = 42
        Calculator().calculate()
        println(result)
    }
}
```

●緩和策1：引数と戻り値を用いた値の受け渡し

　この問題は、関数に必要な値の受け渡しに、引数と戻り値を用いることで解決できます。[コード6-10]のように parameter を calculate の引数として渡し、その結果を戻り値で返せば十分です。こうすることで、関数を複数回呼び出した場合でも、値と呼び出しの関係を明確にすることができます。

コード6-10　**◎GOOD** グローバル変数の引数や戻り値への置き換え

```
class Calculator {
    fun calculate(parameter: Int): Int =
        parameter + ...
}

class Caller {
    private val calculator: Calculator = ...

    fun callCalculator() {
        val result = calculator.calculate(42)
        println(result)
    }
}
```

●アンチパターン2：可変なシングルトンの使用

　可変なシングルトンを使うと、そのシングルトンを通じて、コードのあらゆる場所で状態を共有することになります。[コード6-11]の UserModelRepository は UserModel を保存・取得するためのクラスですが、そのインスタンスがグローバル変数 USER_MODEL_REPOSITORY として定義されています。そのため、コードベースのどの部分からもこのインスタンスを使うことができます[*7]。

[*7]　Kotlinでは、可変なオブジェクトを object で定義しても、同様に可変なシングルトンになります。

コード6-11 ✕ **BAD** 可変なシングルトンを使う例

```
val USER_MODEL_REPOSITORY = UserModelRepository()

class UserListUseCase {
    fun invoke(): List<User> {
        val result = USER_MODEL_REPOSITORY.query(...)
        ... // result を使うコード
    }
}
```

　シングルトンを使うと、その生存期間を制御することが困難になるだけではな
く、シングルトンの依存元を限定するといった、依存関係の管理も難しくなりま
す。[コード6-11] の状況では、UserModelRepository の仕様を変更しようと
した場合に、影響範囲を限定することも容易ではありません。その結果、仕様変
更の工数が増えることや、バグを発生させやすくなることも想定できます。また、
シングルトンの依存元に対してテストを書こうとしても、テストフレームワーク
によっては、スタブやスパイ、フェイクといったテスト用のインスタンスを使う
ことが難しくなります。

● **緩和策2：引数によるオブジェクトの指定**
　これらの問題を解決するには、[コード6-12] のように、オブジェクトをコンスト
ラクタ引数として渡すとよいでしょう。こうすることで、UserListUseCase の
コンストラクタの呼び出し元が、UserModelRepository のインスタンスの生
存期間や参照を管理できるようになります。

コード6-12 ◯ **GOOD** コンストラクタ引数によるシングルトンの置き換え

```
class UserListUseCase(
    private val userModelRepository: UserModelRepository
) {
    fun invoke(): List<User> {
        val result = userModelRepository.query(...)
        ... // result を使うコード
    }
}
```

また、`UserListUseCase` は `UserModelRepository` インスタンスの作成
方法を知る必要がなくなります。渡されるインスタンスが、実際にはシングルト
ンだったとしても、複数あるインスタンスの1つだったとしても、`UserList`
`UseCase` の動作に問題はありません。

特に、`UserModelRepository` がインターフェイスであり、その実装が子ク
ラスとして別途定義されている場合、[コード6-12]は依存性の注入（dependency
injection、以下DI）を行っていることになります。このような、コンストラクタ
引数を用いた実装の分離は、最も単純なDIの実現方法の1つです。もし、手書き
によるDIが煩雑である場合は、DIコンテナやサービスロケータといったツール
やフレームワークを使うのもよいでしょう。そのツールによって、インスタンス
の生存期間や参照範囲が管理可能になるためです。

もちろん、シングルトンの置き換えを行うためだけであれば、インターフェイ
スと実装の分離は必須ではありません。分離を行うべきかどうかの議論について
は、6-5-1「アンチパターン1：過度な抽象化」の「コラム：依存性の注入（DI）に
よる暗黙的な依存関係」を参照してください。

●局所的な共通結合・外部結合

ここまで、グローバル変数による値の受け渡しや、可変なシングルトンの例を
用いて、共通結合・外部結合について解説してきました。これと同様の議論はグ
ローバル空間のみならず、スコープを区切った場合にも当てはまります。[コード
6-13]は、プライベートメソッド間で値を受け渡しするためにプロパティを使用
しています。このとき、クラスのスコープで区切って見ると、共通結合が起きて
いると言えるでしょう。

コード6-13　**✕ BAD** クラスのスコープでの局所的な共通結合

```
class Klass {
    private var parameter: Int = 0
    private var result: Result? = null

    fun firstFunction() {
        parameter = 42
        calculate()
```

```
        println(result?.asPrintableText())
    }

    private fun calculate() {
        result = ... // `parameter` を使い、何らかの計算をして代入
    }
}
```

　1つのクラスに限った場合でも、[コード6-14]のように引数と戻り値を使うことで、関数の呼び出しと値の関係を明確にすることができます。同様に、モジュールやパッケージといった範囲でも共通結合や外部結合が起きないよう、値の渡し方に注意しましょう。

コード6-14　⊙GOOD　局所的な共通結合の解消

```
class Klass {
    fun firstFunction() {
        val result = calculate(42)
        println(result.asPrintableText())
    }

    private fun calculate(parameter: Int): Result =
        ... // `parameter` を使い、何らかの計算をして返却
}
```

6-2-3　制御結合

　制御結合は、何をするかを決定する値（フラグなど）を渡すことで、呼び出し先の動作を変える場合に発生します。分岐はプログラミングの本質の1つとも言えるため、制御結合はコードを書く上で避けられない場面もあります。しかし、すべての制御結合が許容されるわけではありません。例えば、以下のような状況では、制御結合を緩和するべきでしょう。

- 不必要に条件分岐の粒度が大きい場合
- 条件分岐間で動作の関連性が薄い場合

●**アンチパターン1：不必要に条件分岐の粒度が大きい**

[コード6-15]は、不必要に条件分岐の粒度が大きいコードの例です。このコードでは、isError という真偽値に応じて、resultView・errorView・iconView の表示状態を変更しています。しかし「何を更新しているか」を把握するためには、全ての分岐の詳細を理解する必要があります。たとえ、各分岐に共通するロジックがあったとしても、全てのコードを読まないとそのことを確認できません。つまり、分岐の詳細を読まずに関数を斜め読みした場合、その関数が何をするかについての有用な情報を得ることは難しいでしょう。

コード6-15　**✕ BAD**　不必要に条件分岐の粒度が大きい例

```
fun updateView(isError: Boolean) {
    if (isError) {
        resultView.isVisible = true
        errorView.isVisible = false
        iconView.image = CROSS_MARK_IMAGE
    } else {
        resultView.isVisible = false
        errorView.isVisible = true
        iconView.image = CHECK_MARK_IMAGE
    }
}
```

他にもこの関数には、仕様変更時にバグを生じやすいという問題があります。新たな分岐を増やした場合に、その分岐内で resultView・errorView・iconView のすべてを更新する必要ありますが、たとえどれか1つの更新を忘れたとしてもコンパイルエラーは起きません。同様に新しいビューを追加した場合も、すべての条件分岐で更新する必要がありますが、更新忘れを防ぐことは難しいでしょう。

●**緩和策1：操作対象による分割**

先述のコードは、各条件分岐内の操作の対象が同じなのにもかかわらず、それよりも大きな範囲で条件分岐を作っています。このような条件分岐には、5-2-3で紹介した「操作対象による分割」を用いることで、関数の流れを明確にできま

す。**[コード6-16]** は、操作対象による分割を適用した例です。条件ではなく操作対象ごとにコードを分割することで、制御結合をより細かい範囲に限定し、隠蔽することができます。

コード6-16 　🟢GOOD 　操作対象による分割の適用

```
fun updateView(isError: Boolean) {
    resultView.isVisible = !isError
    errorView.isVisible = isError
    iconView.image = getIconImage(isError)
}

private fun getIconImage(isError: Boolean): Image =
    if (!isError) CHECK_MARK_IMAGE else CROSS_MARK_IMAGE
```

● **アンチパターン2：条件分岐間で動作の関連性が薄い**

　[コード6-17] は、DataType によって指定されたビューを更新する関数です。この関数では、when によって分岐を行っていますが、各分岐の動作は互いに関連性が薄いです。この関数は、**[コード6-15]** と共通して「関数の動作を把握するために、すべての条件分岐を読む必要がある」という問題を抱えています。特に、各分岐で動作の関連が薄いこのコードでは、動作をトップダウンに理解することはより困難になるでしょう。

コード6-17 　❌BAD 　分岐間で動作の関連性が薄い例

```
class ProfileViewPresenter(...) {
    fun updateUserView(dataType: DataType) = when (dataType) {
        is DataType.UserName -> {
            val userName = getUserName(dataType.userId)
            userNameView.text = userName
        }
        is DataType.BirthDate -> {
            val birthDate = ...
            birthDateView.text = format(birthDate, ...)
        }
        is DataType.ProfileImage -> {
```

```
                val profileImageBitmap = ...
                profileImageView.image = profileImageBitmap
            }
        }
    }
```

　問題はそれだけではありません。この関数は、依存元のコードとそれに対応す
る条件分岐の関連性が分かりにくくなっています。特に、[コード6-18]のように
依存元が動的に DataType を決定する場合、依存元のコードにも似たような条
件分岐が書かれることがあります。このとき、各条件と実際の動作の関連を理解
するためには、依存元と依存先の2つの条件分岐を見比べなければなりません。
例えば satisfiesSomeCondition が成り立つときに何が起こるかを知るため
には、updateUserView 中の is UserName が対応することを理解する必要
があります。[コード6-18]は、直接 updateUserView を呼び出しているため、
それほど理解は難しくないかもしれませんが、他のクラスを介してから update
UserView が呼ばれる状況では、依存元と依存先の条件の対応づけは難しくな
るでしょう。

コード6-18　**✕ BAD**　DataType を決定する条件分岐が依存元に書かれる例

```
class Caller {
    fun callUpdateUserView() {
        val dataType = when {
            satisfiesSomeCondition -> DataType.UserName(...)
            satisfiesAnotherCondition -> DataType.BirthDate(...)
            satisfiesYetAnotherCondition -> DataType.ProfileImage(...)
        }
        presenter.updateUserView(dataType)
    }
}
```

　各分岐間で動作の関連性が薄い場合、共通する操作対象は少ないと考えられま
す。そういったコードには「操作対象による分割」は適用しにくく、仮に適用で
きても可読性を改善することは難しいです。この問題を解決する方法としては、
依存先の関数を分割することで分岐そのものを削除したり、ストラテジーパター

ンなどを利用して、条件分岐を他の仕組みに置き換えたりするような方法が挙げられます。

● 緩和策2-A：不要な条件分岐の消去

　全ての呼び出しにおいて実引数が静的に決まる、つまり [コード6-19] のように「どこが関数を呼び出すか」によって実引数が決まる場合は、依存先の関数を分離することで条件分岐を削除できます。関数を分離した結果と、依存元のコードの変更例を [コード6-20] に示します。

コード6-19　　DataType が静的に決まる例

```
class Caller1 {
    fun someFunction() {
        ...
        presenter.updateUserView(DataType.UserName)
    }
}

class Caller2 {
    fun anotherFunction() {
        ...
        presenter.updateUserView(DataType.BirthDate)
    }
}
```

コード6-20　 ○GOOD 　関数の分割による条件分岐の削除

```
class ProfileViewPresenter(...) {
    fun updateUserNameView() {
        val userName = getUserName()
        userNameView.text = userName
    }

    fun updateBirthDateView() {
        val birthDate = ...
        birthDateView.text = format(...)
    }
```

```
    fun updateProfileImage() {
        val profileImageBitmap = ...
        profileImageView.image = profileImageBitmap
    }
}

class Caller1 {
    fun someFunction() {
        ...
        presenter.updateUserNameView()
    }
}

class Caller2 {
    fun anotherFunction() {
        ...
        presenter.updateBirthDateView()
    }
}
```

　関数を分離することにより、「動作を理解するために、関係ない条件分岐のコードを読む」必要がなくなります。結果として、依存元と依存先の関係がより明確になり、分離後の関数の名前の具体性も改善されます。依存元のコードを読むだけでも動作の内容が推測しやすくなるという点でメリットと言えるでしょう。

　ただし、この手法を適用するのは、条件分岐間で動作の関連が薄いときに限定するべきです。アンチパターン1のように条件分岐で操作対象が共通する場合は、関数を分離するべきではありません。[コード6-21]は、操作対象が共通するにもかかわらず、関数を分離してしまった例です。このコードが示すとおり、不適当な関数の分離によって、コードの複製が発生してしまいます。この状態では、新しい関数や操作対象を追加したとき、条件と操作対象の組み合わせが網羅されていることの保証が難しくなります。また関数同士の関連性も分かりにくくなるため、後から「操作対象による分割」を適用することも難しくなるでしょう。

コード6-21 **✕ BAD** 不適当な関数の分離

```
fun updateUserNameView() {
    val userModel = getUserModel()
    userAttributeTitleView.text = "User name"
    userAttributeValueView.text = userModel.userName.toUiText()
    userAttributeBackgroundView.color = Color.GREEN
}

fun updateBirthDateView() {
    val userModel = getUserModel()
    userAttributeTitleView.text = "Birth date"
    userAttributeValueView.text = userModel.birthDate.toUiText()
    userAttributeBackgroundView.color = Color.GRAY
}

fun updateEmailAddress() {
    val userModel = getUserModel()
    userAttributeTitleView.text = "Email address"
    userAttributeValueView.text = userModel.emailAddress.toUiText()
    userAttributeBackgroundView.color = Color.GRAY
}
```

　また、関数を分割する際には、条件の集約と再分岐を何度も繰り返さないように注意してください。**[コード6-22]** では `Caller` が `ProfileViewPresenter` の関数を呼び、さらにその先で `UserModelRepository.queryText` を呼び出しています。このコードの条件分岐の構造に着目してみましょう。最初に `Caller.updateProfileView` 内で `DataType` によって分岐し、次に呼び出す関数を変えています。しかしその後で `queryText` の引数として `DataType` が集約され、`queryText` 内で再度分岐が発生しています。その結果 `update ProfileView` で扱われている `DataType` と、`queryText` に渡される `Data Type` の関係が理解しにくくなっています。それら2つの関数の `DataType` が同一のものであることを確認するためには、`ProfileViewPresenter` のすべての関数を読む必要があるからです。こうした問題を避けるためにも、条件分岐ごとに関数を分離する際には、どの関数にどのコードを含めるべきかという、抽出の範囲に気をつけなければなりません。

コード6-22 ❌ **BAD** 条件の集約と再分岐を起こしている例

```
class Caller {
    fun updateProfileView(dataType: DataType) = when (dataType) {
        is DataType.UserName -> presenter.updateUserNameView(...)
        is DataType.BirthDate -> presenter.updateBirthDateView(...)
    }
}

class ProfileViewPresenter(...) {
    fun updateUserNameView(...) {
        val userName = repository.queryText(DataType.UserName(...))
        userNameView.text = userName
    }

    fun updateBirthDateView(...) {
        val birthDateText = repository.queryText(DataType.BirthDate(...))
        birthDateView.text = birthDateText
    }
}

class UserModelRepository {
    fun queryText(dataType: DataType): String = when (dataType) {
        is DataType.UserName -> ...
        is DataType.BirthDate -> ...
    }
}
```

● **緩和策2-B：分岐以外の構造の利用**

[コード6-23]のように引数が静的に決まらない場合、関数の分割よりも、条件分岐を他の構造に置き換えることを試してみましょう。条件分岐の置き換えとして使える代表的なものとしては、多相性や連想配列が挙げられます。[コード6-24]は、[コード6-17]の条件分岐をストラテジーパターンで置き換えた例です[*8]。

[*8] このコードでは、仮想関数の選択を分岐の代わりとして使っているため、条件分岐を多相性で置き換えた例とも言えるでしょう。

コード6-23 `DataType` が静的に決まらない例

```
class Caller {
    fun someFunction() {
        ...
        val dataType =
            if (isFoo) DataType.UserName(...) else DataType.BirthDate(...)
        presenter.updateProfileView(dataType, userId)
    }
}
```

コード6-24 ◎**GOOD** 条件分岐のストラテジーパターンによる置き換え

```
class Caller {
    fun someFunction() {
        ...
        val binder = if (isFoo) Binder.UserName(...) else Binder.BirthDate(...)
        binder.updateView(viewHolder)
    }
}

sealed class Binder(private val viewId: ViewId) {
    class UserName(...) : Binder(USER_NAME_VIEW_ID) {
        override fun setContent(view: View) { ... }
    }

    class BirthDate(...) : Binder(BIRTH_DATE_VIEW_ID) {
        override fun setContent(view: View) { ... }
    }

    ...

    fun updateView(holder: ViewHolder) {
        val view = holder.getView(viewId)
        setContent(view)
    }

    protected abstract fun setContent(view: View)
}
```

このように、各条件における動作の差異を、`Binder` の子クラスに隠蔽することで、依存先の条件分岐を置き換えることができます。また、依存元となる `someFunction` に `Binder.UserName` や `Binder.BirthDate` が直接書かれているため、各条件での挙動を調べたい場合でも、容易に実行されるコードを探すことができます。

6-2-4　スタンプ結合とデータ結合

スタンプ結合と**データ結合**はどちらも弱い結合です。これらは、値の受け渡しに関数の引数や戻り値を用い、かつ、制御結合でない場合に発生します。スタンプ結合とデータ結合の違いは、受け渡しする値の種類によって決まります。引数か戻り値にデータ構造が含まれる場合はスタンプ結合となり、整数型などの基本的な型の値だけを受け渡しする場合はデータ結合になります[*9]。データ結合は構造を用いないため、スタンプ結合より弱い依存関係ですが、常にデータ結合の方が優れているわけではありません。スタンプ結合が適切な例としては以下のような場合が挙げられます。

- 引数や戻り値に対して、型による制約を課したり、意味づけを行いたい場合
- 複数の引数や戻り値をまとめて、単純化したい場合
- 引数や戻り値について、多相性を利用したい場合

この中でも、「型による制約や意味づけ」は特に重要です。[コード6-25]の関数 `showUserProfile` を例に考えます。この関数は、ユーザの名前やプロファイル画像を表示する関数です。この関数の引数は文字列という基本的な型[*10]のため、呼び出した場合はデータ結合が発生します。

[*9]　ただしKotlinのように、整数型（Int）といった基本的な型も通常のクラスのように扱われる言語では、スタンプ結合とデータ結合の境目は曖昧になるでしょう。

[*10]　文字列はその名の通り、文字の列であるため、データ構造とみなすこともできます。しかし、Kotlinのドキュメントでは"Basic types"の一覧に挙げられているため（https://kotlinlang.org/docs/basic-types.html）、ここでは基本的な型として取り扱います。

```
fun showUserProfile(userName: String, profileImageUrl: String) {
    // `userName` と `profileImageUrl` を使って
    //「メッセージ送信者」を表示するコード
    ...
}
```

この関数の引数に関して、「`userName` と `profileImageUrl` の実引数は同
一のユーザを示している」という前提があると予測できます。しかし実際には、[コー
ド6-27]のように別のユーザを示す実引数を与えることも可能になってしまいます。

コード6-26　**✕ BAD**　異なるレシーバのプロパティを引数として与える例

```
showUserProfile(user1.name, user2.profileImageUrl)
```

この他にも、`"Name: ${user1.name}"` のようにその場で文字列リテラルを
書くことが可能になるため、文字列フォーマットを決める責任の所在も曖昧にな
ります。さらには、単純に引数の順番を取り違えて、バグを埋め込む可能性もあ
るでしょう。
　そこで[コード6-27]のように `UserModel` というデータ構造のインスタンスを
渡す、つまり、スタンプ結合を使うことが選択肢に入ります。`UserModel` のイ
ンスタンスが正常に作られている限りは、`UserModel.name` と `UserModel`
`.profileImageUrl` が同一のユーザを示すことは期待してよいはずです。この
ように、スタンプ結合をうまく使うことで、型による制約や意味を与えられます。
一方でスタンプ結合を使うと、呼び出し元も完全な `UserModel` のインスタン
スを持たなくてはならないという欠点もあります。利点と欠点を比較して、引数
に使うデータ構造の粒度を決めるとよいでしょう。

コード 6-27　**◎GOOD** データ構造を引数として受け取る関数

```kotlin
fun showUserProfile(userModel: UserModel) {
    // `UserModel.name` と `UserModel.profileImageUrl` を使って
    // 「メッセージ送信者」を表示するコード
    ...
}
```

●**コードの外部で定義されたデータ構造**

　スタンプ結合で使われるデータ構造が、コードの外部で定義されている場合は注意が必要です。外部で定義されたデータ構造の例としては、インターフェイス記述言語（Protocol BuffersやApache Thriftなど）で定義されたデータ形式や、XMLやJSONなどのデータ記述言語上のモデル、プロトコルで定められたバイナリフォーマットなどが当てはまります。これらのデータ構造そのものは、デバイスとの入出力やネットワーク通信といった、コードの外部の要素とデータを受け渡しする際に必要です[11]。ここでは、外部で定義されたデータ形式のことを**外部定義データ形式**と呼びます。

　外部定義データ形式を扱うスコープは、できるだけ限定されるべきです。例えば、デバイスとの入出力やネットワーク通信を直接行うクラスのみが、外部定義データ形式を扱うように設計するとよいでしょう。他のクラスにデータを渡したい場合は、外部定義データ形式を「コードの内部で定義し直されたモデルクラス（以下、**内部定義データ形式**）」に変換しましょう。外部定義データ形式を取り扱う範囲を限定することで、データ形式が更新された場合でも、その影響範囲を限定することができます[12]。

　また、外部定義データ形式として、不正な値が渡される可能性もあります。例えば、ネットワーク越しに受け取るデータがJSON形式の文字列である場合、そもそもその文字列がJSONとして不正であったり、モデルとして必須のメンバが不足している可能性があります。その状況で、JSONの文字列のまま多数のクラスに渡してしまうと、「文字列が不正なデータでないかを確認するコード」が散

---

[11]　書籍「Software Architect's Handbook」では、外部で定義されたデータフォーマットを使用する場合の結合度は、スタンプ結合ではなく、外部結合であると定義しています。

[12]　特に、外部・内部定義データ形式を変換するレイヤを独立して構築した場合、それはドメイン駆動開発における腐敗防止層に相当します。

在することになります。JSONの文字列を内部定義データ形式に変換し、不正な値が存在しないことを保証することにより、5-2-2で紹介した「早期リターン」と同じような効果をコード全体に対して与えることができます。

ただし、内部定義データ形式を用いない方が好ましい状況もあります。受信したJSON文字列を、内容をほとんど見ずに転送する機能などが該当します。もし、この機能で内部定義データ形式を利用していると、JSONの構造に変更がある度に実装を書き換えなくてはなりません。内部定義データ形式に変換すべきかどうかは、外部定義データ形式の内容の解釈が、どの程度必要かを基準に判断するとよいでしょう。

6-2-5 メッセージ結合

メッセージ結合は、引数や戻り値などで情報の受け渡しをせず、単に関数呼び出しをする場合に発生します。このような関数は、イベント発生の通知やリソースの開放などに使われます。[コード6-28]における Caller は、Closable に対して close を呼び出していますが、他に何の情報も受け渡ししていません。したがって、Caller の Closable に対する結合度はメッセージ結合相当と言えます。

コード6-28 値の受け渡しのない関数の呼び出し

```
class Caller(private val closable: Closable) {

    fun doSomething() {
        ...

        closable.close()
    }
}
```

不要な情報の受け渡しは取り去るべきですが、引数や戻り値を削除した結果、大局的にはかえって強い依存関係を作ってしまうことがあります。[コード6-29]では、notifyUserListUpdated を呼び出す際に、引数も戻り値も使用していません。そのため notifyUserListUpdated の呼び出し部分だけを見ると、

UserListPresenter に対する結合の強さはメッセージ結合相当に見えます。しかし notifyUserListUpdated は、呼び出し前に users が適切に更新されることを期待しており、実際に updateUserList もそのように実装されています。つまり、Caller の UserLitPresenter に対する結合の強さは、大局的に見ると内容結合相当と言えるでしょう。この結合を緩和するためには、users の更新とその通知を1つの関数にまとめる、すなわち users を関数の引数として渡すべきです。このように、無理に一部の関数呼び出しの引数や戻り値を削除すると、その値を渡すために内容結合・共通結合・外部結合が発生する危険性があります。結合の強さを見るときには、コードのごく一部に着目せず、全体を見渡す必要があります。

コード6-29　❌ BAD　大局的に強い依存関係を作るメッセージ結合

```
class Caller() {

    private val userListPresenter: UserLitPresenter = ...

    fun updateUserList() {
        val users = ...
        userListPresenter.users = users

        ...

        userListPresenter.notifyUserListUpdated()
    }
}
```

　同様に、無理にメッセージ結合を使うことで、依存元のコードの可読性が下がりうることにも留意しましょう。[コード6-30] では、Caller は ErrorViewPresenter に依存しており、showErrorView か hideErrorView を呼び出しています。つまり、その依存の強さはメッセージ結合であると言えます。しかし updateViews 内では、呼び出す関数を条件分岐で分けているため、引数として真偽値を渡すのと事実上は変わりません。さらに、この updateViews が何をしているかを理解するためには、各条件分岐の内容を確認する必要があります。

コード6-30 ❌**BAD** 表面的なメッセージ結合の例

```
class Caller {

    private val errorViewPresenter: ErrorViewPresenter = ...

    fun updateViews() {
        val result = ...
        ...

        val isErrorViewVisible = result.isError
        if (isErrorViewVisible) {
            errorViewPresenter.showErrorView()
        } else {
            errorViewPresenter.hideErrorView()
        }
    }
}

class ErrorViewPresenter {
    ...

    fun showErrorView() {
        view.isVisible = true
    }

    fun hideErrorView() {
        view.isVisible = false
    }
}
```

　このように、取りうる引数の数だけ関数を分割することによって、見かけ上の結合度を弱くすることはできます。しかし、それによって実質的な結合度が弱くなるわけではなく、かえって依存元のコードの流れが複雑になることがあります。この例では、**[コード6-31]**のように真偽値を引数として渡すべきでしょう。

コード6-31 ○GOOD データ結合への書き換え

```
class Caller {
    ...

    fun updateViews() {
        val result = ...
        ...

        val isErrorViewVisible = result.isError
        errorViewPresenter.setErrorViewVisibility(isErrorViewVisible)
    }
}

class ErrorViewPresenter {
    ...

    fun setErrorViewVisibility(isVisible: Boolean) {
        view.isVisible = isVisible
    }
}
```

>> COLUMN

結合度と凝集度

　結合度について議論をする際、対となる概念として凝集度（モジュール強度）もしばしば取り上げられます。凝集度とは、1つの「モジュール」内の要素の関連性が、どの程度強いかを示す尺度です。結合度は低い方が好ましい一方で、凝集度は高い方が好ましいです。「凝集度を高くするべき」を端的に言い換えると、1つの「モジュール」内に関係のない要素を含めるべきでないと言えます。

　書籍「Reliable software through composite design」で紹介されているとおりの凝集度の尺度は、クラス設計をする上では取り扱いが難しいため、本書では意図的に議論を省略します。ここではその理由を概説します。

　「Reliable software through composite design」では、結合度も凝集度も「モジュール」という単位に対しての概念です。この「モジュール」は、本書では関数に相当します。結合度は「モジュール」間の関係性を示したものであるため、それをクラスやインスタンス、パッケージ同士の関係性に自然に拡張でき、クラス設計にも応用できます。しかし、凝集度は「モジュール」の内部要素同士の関係性を示したものです。言い換えるならば、1つの関数内のステートメント同

士の関係性を示しています。そのため、凝集度の概念を、そのまま「クラス内のメンバ同士の関係性」や「クラス間の関係性」に拡張して適用することはできません[*13]。

　では、この凝集度の定義を、クラス内の1つのメソッドに対する尺度として適用することを考えてみましょう。1つのメソッドの凝集度とクラス間の結合度にはトレードオフがあるため、単純に適用するのは難しいという側面があります。6-2-1「内容結合」の冒頭で取り上げた例のように、クラス内に存在する全ステートメントを個々のパブリックメソッドとして定義すれば、各メソッドの凝集度は最大になります。しかし当然ながら、これはクラス間での内容結合を発生させてしまいます。もう少し現実的な例としては、論理的強度（凝集度の一種）を避けるために関数を分割した結果、かえって呼び出し元で制御結合を発生させてしまうこともありえます。このように、凝集度を見る際には大域的な視野が必要になり、どの程度の凝集度なら許容できるかの判断は簡単ではありません。

　凝集度をクラス設計に応用する場合は、その「凝集度」にどのような定義を与えているのかを確認してください。

6-3 ｜ 依存の方向

　「X が Y に依存する」という表現のとおり、依存関係には方向が存在します。この依存の方向は、できる限り一方向に保つのが望ましいでしょう。別の表現をするならば、巡回のない構造が望ましいと言えます[*14]。[図6-2]と[図6-3]はクラス間の依存関係を示しており、矢印の元は依存元のクラス、矢印の先は依存先のクラスであることを示しています。[図6-2]では依存の分岐や合流があるものの、巡回は存在しません。一方で[図6-3]では、クラス A・B・C 間とクラス C・D 間で依存の巡回が存在します。すなわち、[図6-2]と[図6-3]の依存関係の構造を比較した場合、[図6-2]の方が望ましいでしょう。

[*13]　もちろん、凝集度を再定義することにより、クラス設計に応用する試みも数多くあります。LCOM(Lack of Cohesion in Methods)などがその代表例です。

[*14]　依存関係を順序関係とみなしたときに、半順序となるのが望ましいと言い換えることもできます。

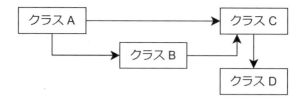

図6-2 巡回のない依存関係

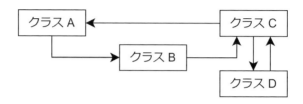

図6-3 巡回のある依存関係

依存関係に巡回があると、コードの頑健性に対して悪影響を与えるケースが出てきます。[**コード6-32**]の A と B は、互いにプロパティとして参照を持っているため、相互に依存している関係です。A のインスタンスは B にコンストラクタ引数として渡されていますが、このとき A のインスタンスの初期化は完了していません。もし、B 内で A のプロパティを使用した場合、未初期化の値が見えるため、バグの原因となりえます[*15]。

コード6-32 **✕ BAD** コンストラクタ引数を使った相互依存

```
class A {
    private val b = B(this)

    val i = 1
}

class B(private val a: A) {
    init {
        println(a.i) // "0" が出力される。
```

[*15] Swiftなどの一部の言語では、このような初期化そのものをできないようにしています。

```
        }
}
```

　未初期化のプロパティにアクセスできないようにするため、**[コード6-33]** のように A のインスタンスを後から渡すことも考えられます。しかし今度は、B.a の初期値が null となり、自由に変更できるようになってしまいました。そのため、B.a の初期化を忘れた場合や、再度 B.a が変更される可能性も考慮する必要があります。このように、依存関係に巡回がある場合、その解決の順番は単純ではないため、コードも複雑になりやすいです。

コード6-33 ✖ **BAD** 書き換え可能なプロパティを使った相互依存

```
val b = B()
val a = A(b)
b.a = a

class A(private val b: B)

class B() {
    // null 許容型にしなければならず、再代入の可能性もある。
    var a: A? = null
}
```

　また、依存関係の巡回によって、コードの可読性まで低下する恐れがあります。**[コード6-32]** のクラス A の動作の詳細を理解するために、その依存先の B の動作を調べることがあります。しかし、その B の動作を理解するためには、さらにその依存先である A のコードに戻らなくてはなりません。依存関係が巡回していると、単純に A のコードの動作を知りたいというだけでも、B がどのように A を使用しているかまでも調べる必要があります。要するに、依存関係が巡回していると、一部のコードを理解したいだけのはずが、より広い構造の調査が求められるケースが出てくるのです。

　ただし、依存関係の巡回を完全に排除することは、ソフトウェアを開発する上で困難です。その場合に重要なことは、巡回の用途と範囲を小さく限定することです。**[図6-4]** では、クラス E・F・G・H を通る巡回があるため、この中の

第
6
章

依
存
関
係

クラスは直接的・間接的に他の全てのクラスに依存しています。このような大きな巡回を作るより、**[図6-5]**のように巡回の範囲を小さくするべきです。こちらの方が依存を示す矢印の本数や巡回の個数は多いものの、**[図6-6]**のように大局的に見ることで、巡回がないようにみなすことができます。また、クラス E とF は変わらずすべてのクラスに依存していますが、H と G から E や F への依存関係は解消されていることが分かります。

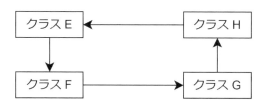

図6-4 全てのクラスで巡回する依存関係

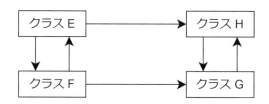

図6-5 巡回の範囲が小さい依存関係

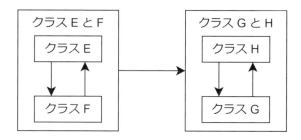

図6-6 図6-5を大局的に見た図

依存関係の巡回を解消したり、巡回の範囲を小さくするためにも、依存方向を決める基準があると設計しやすくなります。ただし、依存関係が発生する理由には様々なものがあるため、依存の方向を決める基準も多様です。典型的な基準としては、以下のようなものが考えられます。

- 呼び出し元 → 呼び出し先
- 具体 → 抽象
- 複雑 → 単純
- 可変 → 不変
- アルゴリズム → データモデル
- 仕様の変更が多い → 仕様の変更が少ない

　ここでは、上2つの基準の「呼び出し元→呼び出し先」と「具体→抽象」を個別に紹介した後、「複雑→単純」と「可変→不変」の2つをまとめて説明します。また、ケースによっては例外、すなわち、巡回が必要になる状況があります。どのような場合に巡回を作ってよいのか、また、どのように巡回を管理すればよいのかについても解説します。

6-3-1　呼び出し元→呼び出し先
　あるクラス Caller が、別のクラス Callee のメソッドを呼び出している場合、Caller は Callee に依存していると言えます（**[図6-7]**）。このとき **[図6-8]** のように、逆に Callee から Caller のメソッド呼び出しを加えてしまうと、依存関係が巡回してしまいます。

図6-7　一方向の呼び出しの関係

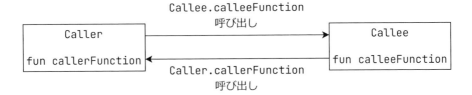

図6-8 双方向の呼び出しの関係

　Callee のメソッドの引数としてコールバックを渡すことは、このような巡回
を発生させる典型例です。コールバック以外にも Caller 自身のインスタンス
を渡したり、Caller のインスタンスを持つ別のオブジェクトを渡したりしたと
きも同様に、依存関係の巡回が発生します。**[コード6-34]** では、MediaView
Presenter が VideoPlayerView.play を呼び出す際に this を引数として
渡しているため、依存関係が巡回しています。

コード6-34 **✕ BAD** this を渡すことによる依存の巡回

```
class MediaViewPresenter {
    fun getVideoUri(): Uri = ...

    fun playVideo() {
        videoPlayerView.play(this)
        ...
    }
}

class VideoPlayerView {
    fun play(presenter: MediaViewPresenter) {
        val uri = presenter.getVideoUri()
        ...
    }
}
```

　このように呼び出し元への依存関係がある場合でも、「呼び出し元のすべての
コードや値が必要」という状況はまれでしょう。そのため、呼び出し先が依存す
るコードや値を制限することで、巡回を削除、または小さくできます。ここでは、
主な方法として「依存の対象を値に置き換える」方法と「依存の対象を小さなク

ラスとして抽出する」方法の2つについて解説します。

● 依存の対象の最小化：値に置き換える

[コード6-34]で VideoPlayerView が MediaViewPresenter を必要とし
ている理由は、Uri を取得するためでした。もし、play を呼び出す前に Uri
を決定できるのならば、引数として Uri を渡せば十分なはずです。[コード6-35]
のように引数の型を変えることで、VideoPlayerView から MediaView
Presenter への依存を削除することができます。

コード6-35　**◎GOOD** 値を渡すことによる依存関係の巡回の解消

```
class MediaViewPresenter {
    fun getVideoUri(): Uri = ...

    fun playVideo() {
        videoPlayerView.play(getVideoUri())
        ...
    }
}

class VideoPlayerView {
    fun play(videoUri: Uri) { ... }
}
```

this やインナークラス、メソッドの参照などを関数の引数として渡している
場合、まずは、それらが必要になっている理由を考えてください。もし、別の値
を取得するためだけに this を渡しており、かつ、その値が事前に確定できる
ならば、引数をより単純な値に変更できます。

● 依存の対象の最小化：小さなクラスとして抽出する

[コード6-34]において、play の呼び出し時点では Uri を決められない場合や、
値の取得以外の理由で this を渡す必要がある場合、引数の型を変えるだけで
は巡回を解消できません。代わりに、VideoPlayerView が依存しているコー
ドや値を小さなクラスとして抽出すると、巡回を解消できることがあります。

まずは**[図6-9]**のように、`getVideoUri()` メソッドやそれに関連するプロパティなどを `MediaViewPresenter` 内のクラス `VideoUriProvider` として定義します。このとき、`ViewUriProvider` には `MediaViewPresenter` への参照を持たせないようにします[*16]。そして **[図6-10]** のように、`VideoUriProvider` を `MediaViewPresenter` の外部に移動することで、依存関係を一方向に変えられます。

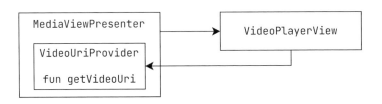

図6-9 内部クラスの作成による巡回の範囲の制限

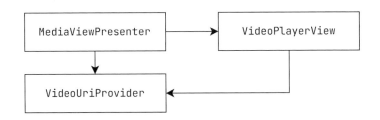

図6-10 内部クラスの移動による巡回の解消

●例外：コールバックが必要な場合

依存関係を一方向にするためにも、不要なコールバックは避けるべきです。しかし状況によっては、依存関係の巡回を作ったとしても、コールバックが有効に機能するときがあります。以下の2つは、その代表的な例です。

- リストの `map` や `forEach` など、抽象化されたアルゴリズムを使う
- 非同期に返される値を処理する

[*16] Kotlinでは `inner` でないクラスとして、Javaでは `static` なクラスとして定義することで実現できます。

map や forEach といった抽象化されたアルゴリズムを使う場合は、呼び出し元がコールバックを渡す必要があります。例えば**[コード6-36]**では、リストの map を使うために、this.repository の参照を持つラムダを実引数として渡しています。map は呼び出されるとすぐにコールバックを実行し、制御を呼び出し元に返すときにその参照を放棄します。このように、即座に実行され、すぐに参照が放棄されるコールバックのことを**同期コールバック**と言います。アルゴリズムを抽象化するために、このような同期コールバックを使うことは許容されるでしょう。

コード6-36　同期コールバックの例

```
val repository: UserModelRepository = ...
val userIdList: List<User> = ...

// `List<T>.map` に `this.repository` への参照を持つラムダを渡す。
val userModelList =
    userIdList.map { userId -> repository.getUserModel(userId) }
// `map` の呼び出し後は、実引数として渡したラムダの参照は放棄される。
```

　一方で、非同期に返される値を処理するためには、引数として渡されたコールバックを保持し続け、後で実行をする必要があります。このようなコールバックを**非同期コールバック**と言います。このようなコールバックは、可読性の低下を招いたり、リソースがリークする原因になったりすることがあるため、使用する目的・期間・範囲を限定するとよいでしょう。コールバックの参照が保持され続ける限り、本来の目的以外でコールバックが使用される可能性や複数回実行される可能性などを考慮しなくてはなりません。

　非同期コールバック使用時の注意点を、**[コード6-37]**の queryUserModel を使って説明します。この関数は UserModel を非同期に取得し、その結果を onObtained のコールバックに渡します。このコールバックが呼ばれるタイミングや回数については、UserModelRepository の詳細を参照しないと分からないことが問題になります。

```
class UserModelRepository {
    fun queryUserModel(userId: UserId, onObtained: (UserModel) -> Unit) {
        // 制御はすぐ呼び出し元に返し、非同期に `onObtained` を呼び出す。
        executeAsynchronously {
            val userModel = ...
            onObtained(userModel)
        }
    }
}

userModelRepository.queryUserModel(userId) { userModel ->
    println(userModel.name)
}
```

　そこで、コールバックを直接 UserModelRepository に渡すのではなく、
java.util.concurrent.CompletableFuture を使うように変えてみましょ
う（[コード6-38]）。queryUserModel は引数としてコールバックを受け取る代
わりに、CompletableFuture を戻り値として返します。そして、コールバック
は thenAccept の引数として CompletableFuture に渡します。こうするこ
とで、コールバックの使用範囲は CompletableFuture に限定することができ、
また、クエリに成功した場合はコールバックがちょうど1回だけ呼ばれることを
保証できます*17。

コード6-38　**◎GOOD** 非同期コールバックの用途・範囲を制限した例

```
class UserModelRepository {
    fun queryUserModel(userId: UserId): CompletableFuture<UserModel> =
        CompletableFuture().supplyAsync {
            ... // `UserModel` の取得
        }
    }
}

userModelRepository.queryUserModel(userId)
```

＊17　失敗も含めてちょうど1回呼ばれることを保証したい場合は、CompletableFuture.handle が利用できます。

```
        .thenAccept { userModel -> println(userModel.name) }
```

　また、Kotlinのようにコルーチンが使える言語の場合は、非同期コールバックの代替としてコルーチンを使うと、可読性をより一層高めやすいです。

6-3-2　具体→抽象

　2つのクラスが継承関係にある場合、子クラスが依存元、親クラスが依存先という関係になります。そのため、逆に親クラスから子クラスへの依存関係を作ってしまうと、依存関係が巡回します。**[コード6-39]** は、親クラス内で子クラスにダウンキャストしているため、そのような巡回が起きています。

コード6-39　 ❌ BAD 　親クラス内における子クラスへのダウンキャスト

```
open class IntList {
    fun addElement(element: Int) {
        if (this is ArrayIntList) {
            // ArrayIntList の addElement の実装
        } else {
            ...
            // 新しい子クラスを追加すると、このコードが肥大化する。
        }
    }
}

class ArrayIntList(vararg elements: Int) : IntList() {
    // ここで `addElement` をオーバーライドしていない。
    // `ArrayIntList` の実装を変更したい場合、親クラスを変更する。
}
```

　`ArrayIntList` の `addElement` の動作は、親クラスの `IntList` に実装されています。そのため、`ArrayIntList` の実装に変更を加えるときには `IntList` も変更しなくてはならず、場合によっては他の子クラスにも影響を与えてしまうでしょう。また、他の子クラスの実装が増えてくると、`IntList.add` `Element` も肥大化する上、全ての子クラスの実装が `IntList` 内にあるという保証も難しくなります。このように、親クラスが子クラスを知っている前提の設

計は破綻しやすいです。

　依存関係の巡回を避けるためにも、親クラスは子クラスを知るべきではありません。子クラス独自のインターフェイスや実装が必要な場合は、[コード6-40]のように子クラスで完結させてください。すると、依存関係は子クラスから親クラスへの一方向にすることができます。

コード6-40　　**○GOOD**　オーバーライドによるダウンキャストの置き換え

```
abstract class IntList {
    abstract fun addElement(element: Int)
}

class ArrayIntList(vararg elements: Int) : IntList() {
    override fun addElement(element: Int) {
        ...
    }
}
```

6-3-3　複雑・可変→単純・不変

　単純なオブジェクトや不変なオブジェクトは、広い範囲で長い期間使われることもあれば、狭い範囲で使われ、すぐに参照が放棄されることもあります。つまり、使われるスコープ・生存期間・被参照の数が小さいときもあれば、大きいときもあるという特徴を持ちます。これは、`Pair` などの単純なデータ構造について考えると、想像しやすいかもしれません。一方で、複雑なオブジェクトや可変なオブジェクトは、スコープ・生存期間・被参照を厳密に管理する必要があります。そのため、依存の方向は複雑・可変→単純・不変の一方向にするべきです。もし逆に単純・不変→複雑・可変の依存関係を作ってしまうと、その複雑・可変なオブジェクトの管理が困難になります。[コード6-41]は、そのような単純なクラスから複雑なクラスへ依存をしてしまっている例です。

コード6-41 ✕ BAD 単純なクラスから複雑なクラスへの依存

```kotlin
class UserModel(
    val userId: UserId,
    val loginName: String,
    val displayName: String,
    val followerIds: Set<UserId>,
    val requester: UserModelRequester
)

class UserModelRequester(...) {
    fun query(userId: UserId): UserModel? {
        ... // UserModel を取得
    }
}

fun getFollowerUserModel(userModel: UserModel): List<UserModel> {
    val requester = userModel.requester
    return userModel.followerIds
        .mapNotNull { followerId -> requester.query(followerId) }
}
```

このコードで UserModel は、IDや名前といったユーザの属性を集めたモデルクラスであり、UserModelRequester はその UserModel を取得するためのクラスです。UserModelRequester ではデータベースやネットワークからデータを取得し、そのデータを UserModel に変換し、必要ならエラー処理まで行っています。モデルクラスである UserModel は単純なクラスと言える一方、UserModelRequester は複雑なロジックを持つクラスであるため、UserModel は UserModelRequester に依存するべきでありません。しかし、[コード6-41] では UserModel.requester として、単純なクラスから複雑なクラスへの依存関係を作ってしまっています。getFollowerUserModel で示されるとおり、この依存によって UserModel のインスタンスから別の UserModel インスタンスを取得できるため、一見便利に見えるかもしれません。しかしこのコードは、UserModelRequester が保持するリソースの管理が難しくなるという深刻な問題を抱えています。

まず、UserModelRequester がデータベースやネットワークといったリソース
を保持しているとしましょう。そのリソースを開放するためには、UserModel を
使っているすべてのコードを確認する必要があります。なぜならば、リソースを
開放しようとしている今まさに、UserModel.requester を介して User
ModelRequester が使われている可能性があるからです。しかし UserModel
がコード中の広い範囲で使われていると、その確認も難しくなるでしょう。一方
でもし、UserModelRequester.release のようなリソースを強制的に開放す
るメソッドを追加した場合、今度は使用中のリソースが突然開放される問題が起
きてしまいます。

　UserModelRequester をシングルトンとし、一度確保したリソースを開放し
ないようにすれば、この問題を一時的に隠すことができます。しかし、仕様の変
更に伴い、途中で UserModelRequester のインスタンスを作り直すとなると、
広範囲に影響を及ぼすコードの変更が必要になります。UserModelRequester の
インスタンスの切り替えと同時に、すべての UserModel のインスタンスを更新し
なくてはならないためです。

　このような問題を回避するためには、単純なコードから複雑なコードへの依存
を削除するだけで十分です。もし UserModelRequester を必要とするクラス
や関数があるなら、UserModel を介して渡すのではなく、引数として明示的に
渡すべきでしょう（[コード6-42]）。インスタンスを明示的に渡すようにするだけ
でも、UserModelRequester のスコープ・生存期間・参照の管理の問題は緩和
されます。

コード6-42　**○GOOD** 単純なクラスから複雑なクラスへの依存の削除

```
class UserModel(
    val userId: UserId,
    val loginName: String,
    val displayName: String,
    val followerIds: Set<UserId>
)

fun getFollowerUserModel(
    userModel: UserModel,
    requester: UserModelRequester
```

```
): List<UserModel> = userModel.followerIds
    .mapNotNull { followerId -> requester.query(followerId) }
```

　しかし状況によっては、単純・不変なコードから複雑・可変なコードへの依存が
必要な場合もあります。その典型的な例が、メディエータパターンを採用する場合
です。メディエータパターンは、調停役となる「メディエータ」(mediator)と個々
の「同僚オブジェクト」(colleague)から構成されます。同僚オブジェクトはお互
いに直接通信するのではなく、メディエータを介して通信します。メディエータは
すべての同僚オブジェクトを知っており、それら同僚オブジェクトの状態を見て、
それぞれにどのような操作をさせるかを決定します。このような仕組みを持つの
で、メディエータは複雑なクラスと言ってよいでしょう。しかし、個々の同僚オ
ブジェクトもまた、メディエータとの通信が必要になるため、メディエータのオ
ブジェクトへの参照を持ちます。これは、同僚オブジェクトという単純なものか
ら、メディエータという複雑なものへの依存をしているとみなせます。つまり、
メディエータパターンを使う以上、依存の巡回は避けられません*18*19。同様に、
アダプターやファサード、プロクシなどを用いる場合も、実装および実行状態での
依存関係としては、単純なクラスが複雑なクラスに依存する例と言えるでしょう。
単純・不変なコードから複雑・可変なコードへの依存が必要な場合は、このような
デザインパターンに当てはめるなど、目的・用途・範囲を限定することが重要です。

---

*18　本来、メディエータパターンではインターフェイスと実装を分けているため、クラス図上では依存の巡回がないよう
　　に見えます。しかし、オブジェクトの参照として依存関係を見ると、巡回していると言えるでしょう。

*19　メディエータパターンを使う場合でも、オブザーブ可能な値（コルーチンの Flow など）を使うことができれば、同
　　僚オブジェクトからメディエータへの依存はかなり緩和できます。

クラス図と依存関係

　UML(統一モデリング言語)のクラス図を描いた場合、「集約」や「コンポジション」のひし形のつく向きは、依存の方向と逆向きになります。Book というクラスが Page を集約していることをクラス図で表現したとき、以下の図のように、ひし形は Book の側に付きます。しかし依存関係で見た場合は、Book のクラス中に Page の参照を持つことになるため、依存の方向としては Book が Page に対して依存していることになります。このように、集約・コンポジションの向きと依存の方向は逆になります。

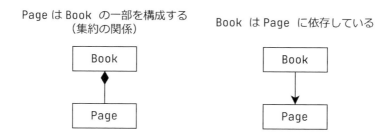

Page は Book の一部を構成する
(集約の関係)

Book は Page に依存している

　また、クラス図で「関連」を示す場合、2つの要素を線で結び、特に方向を示さないこともあります。クラス図を用いて設計する際には、「関連」を使う場合でも、依存の方向がどちら向きになるかを意識できるとよいでしょう。

6-4 ｜ 依存の重複

　コピー&ペーストによるコードの重複があるのと同様に、依存関係についても重複は起こりえます。2つのクラス A・B が、ある共通のクラス C に依存している場合、「C に依存している」という関係は A と B の間で重複していると言えるでしょう。共通のコードを抽出しただけでも、このような依存関係の重複は発生します。そのため、依存関係の重複そのものは不可避なことも多いです。しかし、不要な依存関係の重複によって、コード変更の影響範囲が大きく、かつ不明瞭になることもあるため、注意が必要です。この節では、不要な依存関係の重複の典型例として「数珠つなぎの依存」と「依存の集合の重複」の2つを解説します。

6-4-1　数珠つなぎの依存

　ある参照を受け取るためだけに、本来関係ないクラスに依存することは避けましょう。[コード6-43]では、ユーザのニックネームを表示するクラス Nickname Presenter とユーザのプロフィール画像を表示するクラス ProfileImage Presenter が定義されています。これら2つのクラスは、両方とも User ModelProvider からユーザの情報を取得する点で共通していますが、それ以外の実装については関連性がありません。

コード6-43　**✕ BAD** 参照を渡すためだけの無関係なクラスに依存する例

```kotlin
class NicknamePresenter(
    val modelProvider: UserModelProvider
) {
    fun invalidateViews(userId: UserId) {
        val userModel = modelProvider.getUserModel(userId)
        ... // `userModel` を使って名前のテキストを更新
    }
}

class ProfileImagePresenter(
    private val nicknamePresenter: NicknamePresenter
) {
    fun invalidateViews(userId: UserId) {
        val userModel = nicknamePresenter.modelProvider.getUserModel(userId)
        ... // `userModel` を使ってプロファイル画像を更新
    }
}
```

　[図6-11]は、これらのクラスの依存関係を図示したものです。ProfileImage Presenter が NicknamePresenter に依存をしているのですが、それは UserModelProvider の参照を取得するためだけです。

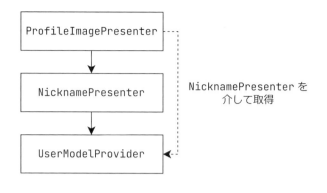

図6-11 コード6-43の依存関係

このように、別の参照を受け取ることだけを目的として無関係なクラスに依存すると、コードを変更したときの影響範囲が分かりにくくなります。この例では、依存元が `ProfileImagePresenter` となる関係として2つの問題があります。1つ目の問題は `NicknamePresenter` への依存により、本来関係ないコードの変更による影響を考慮しなくてはならないことです。そして2つ目の問題は、`ProfileImagePresenter` から `UserModelProvider` への依存関係が分かりにくいことです。その依存関係を知るためには、`ProfileImagePresenter` のプロパティの定義を見るだけでは不十分で、`invalidateViews` の詳細を読む必要があります。このため `UserModelProvider` の動作を変更したとき、それが `ProfileImagePresenter` に影響することに気づきにくいでしょう。

これらの問題は、必要な参照をコンストラクタや関数の引数として明示的に渡す、すなわち「直接的な依存を使う」ことで解決できます。**[コード6-44]** では `ProfileImagePresenter` のコンストラクタ引数として、直接 `UserModelProvider` を渡しています。この依存関係を図示したものが **[図6-12]** です。この解決例では `UserModelProvider` に対する依存がより明示的になり、かつ、`NicknamePresenter` への依存が解消されていることも明らかです。

コード6-44 ⭘**GOOD** 無関係なクラスに対する依存の解消

```kotlin
class NicknamePresenter(
    private val modelProvider: UserModelProvider
) {
    fun invalidateViews(userId: UserId) {
        val userModel = modelProvider.getUserModel(userId)
        ... // `UserModel` を使って名前のテキストを更新
    }
}

class ProfileImagePresenter(
    private val modelProvider: UserModelProvider
) {
    fun invalidateViews(userId: UserId) {
        val userModel = modelProvider.getUserModel(userId)
        ... // `UserModel` を使ってプロファイル画像を更新
    }
}
```

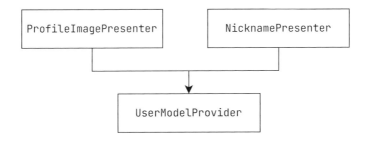

図6-12 コード6-44の依存関係

● **デメテルの法則**

「直接的な依存を使う」ことを、より一般的かつ形式的に定義したものとして、**デメテルの法則**[20] があります。デメテルの法則では、あるメソッド method 内で発生するメンバアクセスについて、レシーバは次のいずれかに限られるべきと主張されています[21]。

---

[20] http://www.ccs.neu.edu/home/lieber/LoD.html
[21] ただし実用的には、レシーバを受け取らない関数も呼んでもよいでしょう。

- this 自身
- this のプロパティ
- method の引数
- method 内で作られたオブジェクト
- グローバル変数やシングルトン

　もう少し理解を深めるために、デメテルの法則に従っている例と、違反している例を[コード6-45]に示します。従っているのは functionFollowingLod 内のコードで、違反しているのは functionViolatingLod 内のコードです。

コード6-45　デメテルの法則の例

```
val GLOBAL_VALUE: GlobalValue = GlobalValue()

class SomeClass() {
    // デメテルの法則を満たしている例
    fun functionFollowingLod(parameter: Parameter) {
        privateMethod() // レシーバが `this` となるメソッド
        property.anotherProperty // プロパティのメンバ
        parameter.method() // 引数のメンバ
        AnotherClass().method() // メソッド内で作られたオブジェクトのメンバ
        GLOBAL_VALUE.method() // グローバル (トップレベル) 変数のメンバ
    }

    // デメテルの法則に違反している例
    fun functionViolatingLod(parameter: Parameter) {
        parameter.method().anotherMethod // 引数のメソッドの戻り値のメンバ

        val propertyOfProperty = property.anotherProperty
        propertyOfProperty.method() // プロパティのプロパティのメンバ
    }

    private val property: Property = Property()
    private fun privateMethod() = ...
}
```

デメテルの法則を意識することで、本来不要である依存関係を解消できるほか、依存元のコードを依存先の内部構造から独立させられます。ただし、デメテルの法則を適用する際には、以下の2つの点に注意してください。

　1つ目の注意点は、依存先の責任範囲を肥大化させないことです。デメテルの法則を厳密に適用するならば、たとえメソッドの戻り値が基本的なクラスであっても、そのメンバアクセスはできません。[コード6-46]ではメソッドの戻り値に対してメソッドの呼び出しを行っているため、デメテルの法則に違反しています。これを解消するためには repository に getAllFriendUserModels といったメソッドを作ればよいのですが、その結果 repository の責任が大きくなりがちです。この場合は、デメテルの法則を無理に適用する必要はありません。

コード6-46 デメテルの法則に違反している例

```
val allUserModels: List<UserModel> = repository.getAllUserModels()
val allFriendModels = allUserModels.filter { userModel -> userModel.isFriend }
```

　2つ目の注意点は、表面的な回避方法を選択しないことです。[コード6-46]の違反は、[コード6-47]のようにレシーバを引数に変える関数を作るだけで回避できます。しかし、これは本質的には何も変わっていないどころか、かえってコードが複雑になっています。

コード6-47 **✕ BAD** デメテルの法則の違反の表面的な回避策

```
val allFriendModels = filterFriends(repository.getAllUserModels())

private fun filterFriends(userModels: List<UserModel>): ListUserModel =
    userModels.filter { userModel -> userModel.isFriend }
```

　デメテルの法則を適用する際は、表面的な回避策を取るのではなく、それぞれのクラスが知っているべき・知るべきでない情報は何かを意識して設計してください。

6-4-2　依存の集合の重複

　[コード6-44] の例で、UserModelProvider の代わりに、LocalUserModel
Provider と RemoteUserModelProvider の2つのクラスを追加することを
考えます。LocalUserModelProvider はローカルストレージやキャッシュか
らデータを取得し、一方で RemoteUserModelProvider はネットワーク越し
にデータを取得します。これらのクラスの意図は、ローカルのデータが利用可能
ならそれを使い、そうでなければネットワーク越しのデータを利用するというも
のです。

　これら ...Provider の参照を各々の ...Presenter に直接追加すると、[図
6-13] のような依存関係になります。依存元のクラスはそれぞれ、LocalUser
ModelProvider と RemoteUserModelProvider という共通の依存先を持っ
ています。これは、依存先の集合に重複がある状態と言い換えられます。

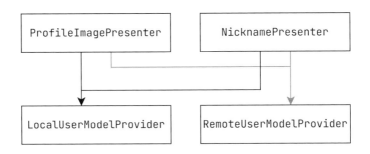

図6-13　依存先の集合が重複するような関係

　依存先の集合に重複があると、将来の変更に対して脆くなる可能性がありま
す。色々な可能性が考えられますが、例えば「どの依存先を使うかを選択するコー
ド」が重複した場合、それが機能追加の妨げになるかもしれません。[コード
6-48]は、[図6-13]をコードにしたものですが、「localModelProvider でデー
タが取得できなければ remoteModelProvider から取得する」というコードが
コピーされてしまっています。この状況で新たな依存元・依存先を実装した場合、
追加漏れやロジックの更新忘れによってバグを埋め込む可能性があります。

コード6-48 ✕ BAD 図6-13のコードの例

```
class NicknamePresenter(
    private val localModelProvider: LocalUserModelProvider,
    private val remoteModelProvider: RemoteUserModelProvider
) {
    fun invalidateViews(userId: UserId) {
        val userModel = localModelProvider.getUserModel(userId)
            ?: remoteModelProvider.getUserModel(userId)
        ... // `UserModel` を使って名前のテキストを更新
    }
}

class UserProfileImagePresenter(
    private val localModelProvider: LocalUserModelProvider,
    private val remoteModelProvider: RemoteUserModelProvider
) {
    fun invalidateViews(userId: UserId) {
        val userModel = localModelProvider.getUserModel(userId)
            ?: remoteModelProvider.getUserModel(userId)
        ... // `UserModel` を使ってプロファイル画像を更新
    }
}
```

　このような、コードのコピーを伴うような依存先の集合の重複を解決するには、中間レイヤを作り、個々の依存先を隠蔽するとよいでしょう。**[図6-14]・[コード6-49]**では、UserModelProvider を作ることで、依存先を選択するコードを1ヶ所にまとめています。各依存元は UserModelProvider への参照を持てば十分で、データが LocalUserModelProvider と RemoteUserModelProvider のどちらから取得されたものかは気にする必要はありません。さらに、新たな依存先や依存元を追加した際にも、影響を受けるのは中間レイヤである UserModelProvider だけとなるため、コードの変更も容易になります。

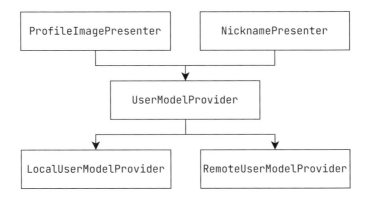

図6-14 中間レイヤによる依存先の重複の解決

コード6-49 ⭕**GOOD** 図6-14のコードの例

```
class NicknamePresenter(private val userModelProvider: UserModelProvider) {
    fun invalidateViews(userId: UserId) {
        val userModel = userModelProvider.getUserModel(userId)
        ... // `UserModel` を使って名前のテキストを更新
    }
}

class ProfileImagePresenter(private val userModelProvider: UserModelProvider) {
    fun invalidateViews(userId: UserId) {
        val userModel = userModelProvider.getUserModel(userId)
        ... // `UserModel` を使ってプロファイル画像を更新
    }
}

class UserModelProvider(
    private val localModelProvider: LocalUserModelProvider,
    private val remoteModelProvider: RemoteUserModelProvider
) {
    fun getUserModel(userId: UserId): UserModel? =
        localModelProvider.getUserModel(userId)
            ?: remoteModelProvider.getUserModel(userId)
}
```

ただし、このような中間レイヤを作る際には2つ注意点があります。1つ目の注意点は、YAGNIとKISSに十分留意することです。依存先がまだ1つしかないのに、「今後増えるかもしれないから」という理由で中間レイヤを作ってはいけません。使われるかどうか分からない中間レイヤは、コードの可読性を下げる原因にもなります。中間レイヤを作るタイミングは、実際にコードの重複が発生するときがよいでしょう。

　2つ目の注意点は、隠蔽した依存先を公開してはならないことです。[コード6-49] の場合、`remoteModelProvider` をパブリックなプロパティにすることは避けましょう。もし `RemoteUserModelProvider` を依存元に見せてしまうと、依存元は中間レイヤと `RemoteUserModelProvider` の両方の知識を持たなくてはなりません。中間レイヤを作る際には、十分な抽象化ができるかどうかを確認してください。

6-5 ｜ 依存の明示性

　クラスの定義を見ているだけでは、発見できない依存関係も存在します。[コード6-50] では、`Caller` が `Interface` をプロパティとして持ち、`Implementation` が `Interface` を実装しています。この依存関係を図にすると、[図6-15] のようになります。`Caller` と `Implementation` は両方とも `Interface` に依存していますが、`Caller` と `Implementation` 間には依存関係がないように見えます。

コード6-50　インターフェイスを介した依存

```
class Caller(val interface: Interface)

interface Interface
class Implementation : Interface
```

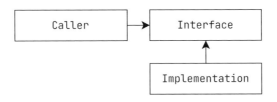

図6-15 コード6-50の依存関係

　ここで、Caller のインスタンスを作るファクトリ関数 createCaller を
[コード6-51] のように定義します。この関数によって作られた Caller は
Implementation のインスタンスを持つため、「Caller のインスタンスが
Implementation に依存している」と言えます。実際に、Implementation の
内部的な動作を変更した場合は、そのインスタンスを持つ Caller の動作にも
影響を与えることがあります。ただし、この事実は Caller のクラス定義を見
ただけでは分かりません。依存関係の中には、このように呼び出し元のコードを
見ないと発見できないものもあります。

コード6-51 Caller のファクトリ関数

```
fun createCaller(): Caller = Caller(Implementation())
```

　ここでは、仮引数・プロパティ・戻り値の型など、クラスの定義で確認ができ
る依存関係を**明示的な依存関係**とし、クラスの定義だけでは確認できない依存関
係を**暗黙的な依存関係**と定義します。暗黙的な依存関係を発生させる要因は、以
下のようなものがあります。

- 多相性（特に、継承などの動的に解決されるもの）
- クラスとして明示されていないデータフォーマット
- 引数や戻り値の変域
- コードのコピー

暗黙的な依存関係が存在すると、コードの全体像を把握するのが困難になるた

め、可読性が低下しがちです。また、コードの変更が及ぼす影響範囲が不明確になるため、バグの原因になることもあります。そうした問題を避けるためにも、依存関係は明示的であることが理想です。

依存関係を設計する上では、依存の強さ（結合度）と依存の明示性を混同しないことが重要です。依存関係を暗黙的にすることと、結合度を下げることは別である点を意識した上で、依存関係を設計しましょう。基本的に結合度は低く抑えた方がよいのですが、結合度を下げるためだけに依存関係を暗黙的にすると、かえって可読性や頑健性に悪影響を与えかねません。理想的には、明示的で結合度が低い依存関係を設計するべきですが、その両立が難しいこともあります。明示性と結合度のどちらを優先するべきかは、コードを比較して検討しましょう。

この節では、依存関係を暗黙にすることで可読性に対してどのような悪影響があるかについて「過度な抽象化」と「暗黙的な変域」の2つのアンチパターンを使って説明します。

6-5-1 アンチパターン1：過度な抽象化

抽象化は可読性を向上させる有効な手段の1つですが、同時に暗黙的な依存関係の原因にもなります。そのため抽象化を行う際は、何の目的で行うのかを考えなくてはなりません。目的のない抽象化を行った場合に何が起きるかを、**[コード6-52]**を使って説明します。

コード6-52 現在の日付とユーザの情報を表示するクラス

```
class CurrentDatePresenter(
    private val dateTextFormatter: DateTextFormatter
) {
    fun showCurrentTime() {
        val currentTimeInMillis = ...
        val dateText = dateTextFormatter.fromTimeInMillis(currentTimeInMillis)
        ...
    }
}

class UserProfilePresenter(
    private val userProfileRepository: UserProfileRepository
) {
```

```
    fun showProfile(userId: Long) {
        val userName = userProfileRepository.getUserName(userId)
        ...
    }
}
```

CurrentDatePresenter と UserProfilePresenter は互いに関連性の
ないクラスであり、それぞれ現在の日付を表示する・ユーザの情報を表示する役
割を持っています。ここで CurrentDatePresenter は日付の文字列取得
に DateTextFormatter を使っており、UserProfilePresenter はユーザ
名の取得に UserProfileRepository を使用しています。この依存関係を図
示すると[図6-16]のようになります。

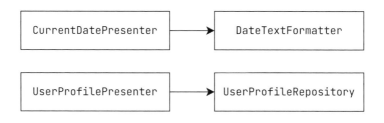

図6-16　コード6-52の依存関係

DateTextFormatter も UserProfileRepository も整数値から文字列を
取得するメソッドを持っています。そこで、「整数値から文字列を取得する」と
いうインターフェイス LongToStringConverter を定義して抽象化すると、[コー
ド6-53]のようになるでしょう。

コード6-53　❌ BAD　コード6-52に対する過度な抽象化を施した例

```
interface LongToStringConverter {
    fun convert(value: Long): String
}
class DateTextFormatter : LongToStringConverter { ... }
class UserProfilePresenter : LongToStringConverter { ... }
```

```
class CurrentDatePresenter(
    private val dateTextFormatter: LongToStringConverter
) {
    fun showCurrentTime() {
        val currentTimeInMillis = ...
        val dateText = dateTextFormatter.convert(currentTimeInMillis)
        ...
    }
}

class UserProfilePresenter(
    private val userProfileRepository: LongToStringConverter
) {
    fun showProfile(userId: Long) {
        val userName = userProfileRepository.convert(userId)
        ...
    }
}
```

[図6-17] は、このクラス定義から読み取れる依存関係を示しています。この図
を見ると、DateTextFormatter から CurrentDatePresenter への依存関
係と UserProfilePresenter から UserProfileRepository への依存関
係はないように見えます。しかし実際には、依存関係は消滅したわけではありま
せん。単に暗黙的になった状態で、これらの依存関係は存在しています。

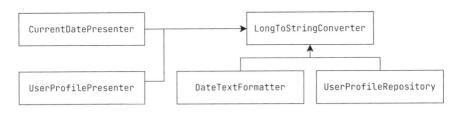

図6-17　コード6-53の依存関係

このような抽象化を行うと、動作の流れを追いにくくなってしまいます。例え
ば、CurrentDatePresenter において日付の形式が「Jan 15」なのか「15 Jan」
なのかを調べたい場合、まず CurrentDatePresenter のコンストラクタの呼
び出しを調べる必要があります。そこで渡している LongToStringConverter

の具象クラスの実装を見ることで初めて、日付の形式を知ることができます。過度な抽象化を行っていなければ、引数の型から直接 DateTextFormatter のコードにすんなりと辿り着けます。

他に、過度な抽象化によってコードの厳密性が失われる可能性がある点も問題です。[コード6-53]では CurrentDatePresenter のコンストラクタ引数が Long ToStringConverter であるため、UserProfilePresenter のインスタンスを渡すことが可能です。しかし、実際にそのようなインスタンスを渡してしまうとバグの原因になるでしょう。

このように、抽象化で依存関係を緩和したつもりでも、単に暗黙的になっているだけで、かえって可読性や頑健性を損なうことがあります。強い依存関係がある場合は、その事実をクラス定義から確認できるようにしましょう。

>> COLUMN

依存性の注入 (DI) による暗黙的な依存関係

「過度な抽象化」による問題は、DIを乱用した場合にも発生します。DIではインターフェイスと実装を分離するので、インターフェイスの依存元からは実装のコードへ直接辿れなくなります。DIには利点も欠点もあるため、利用する際はその目的が何であるかを明確にしましょう。DIの目的には、以下のようなものがあります。

- **モジュール間の相互依存の解決**：2つのモジュールが相互依存している場合に、一方の依存先を実装ではなくインターフェイスに変えることで、明示的な依存関係を一方向にする。だだし、暗黙的な相互依存は維持される
- **実装の差し替え**：テスト時にモックやフェイクに差し替えたり、ビルド時の設定によって実装を切り替えたりする
- **ビルドの高速化**：実装、もしくは実装が依存しているライブラリを更新しても、インターフェイスの依存元のコードが再ビルドされないようにする
- **ツールによるインスタンスの管理**：インスタンスの生存期間・参照の管理をDIコンテナなどのツール上で行い、ボイラープレートを減らす

特段目的がない場合は、DIを使う必要はありません。例えば、単純なデータモデルに対してインターフェイスと実装を分離しても、上記のような恩恵は受けにくく、単に可読性の低いコードになりかねません。

6-5-2　アンチパターン2：暗黙的な変域

　関数の引数が特定の値しか受け付けない場合、呼び出し元がその仕様について知っておく必要があります。この「仕様について知っている」という関係は依存関係のグラフに現れないため、暗黙的な依存関係と言えます。例えば**[コード6-54]**では、`setViewColor` の呼び出し元は、引数 `colorString` として有効な文字列について知っている必要があります。

コード6-54　**✕ BAD**　引数の変域に注意するべき関数

```kotlin
fun setViewColor(colorString: String) {
    val argbColor = when (colorString) {
        "red" -> 0xFFFF0000u
        "green" -> 0xFF00FF00u
        else -> 0x00888888u // 透明色にフォールバック
    }
    view.setColorByArgbUInt(argbColor)
}
```

　このコードは大きく2つの問題を抱えています。1つ目の問題は、有効な文字列を知るためにはコードの詳細を読まなくてはらならいことです。青色を示す `"blue"` や大文字を使った `"RED"`、カラーコードを直接指定した `"FF0000"` という実引数に対して、この関数は全て透明色を設定します。これはコードの詳細を知らないと予想がつかない振る舞いです。2つ目の問題は、仕様を変更するときに、すべての呼び出し元を確認する必要があることです。もし `"green"` を削除したければ、その文字列をすべての呼び出し元が使っていないことを確認しなくてはなりません。`"green"` を使っている呼び出し元があると、意図せず色が透明に変更されてしまい、バグの原因になります。しかし`"g"` + `"reen"` のように、リテラルを直接使わない状況もあるため、呼び出し元の調査は困難になるでしょう。

　このような問題は、引数の変域を示すクラスを作ることで解決できます。**[コード6-55]**では、明示的に赤と緑しか引数として受け取れないことを示すために、`ViewColor` という列挙型を定義しています。この `ViewColor` によって、`setViewColor` に不正な値を渡すことは不可能となります。また、色に関わる

コード（文字列から ViewColor へ変換するコードなど）の内、直接 setView
Color を呼ばないものも、ViewColor に対して明示的な依存を持つことにな
ります。そのため、仕様の変更の影響範囲が分かりやすくなります。呼び出し元
と呼び出し先の依存関係を図示した場合も、両方のクラスが ViewColor に依
存していることが明確であるため、クラス構造も理解がしやすいものになるで
しょう。

コード6-55　**○GOOD** 列挙型による変域の定義

```
enum class ViewColor(val argbColor: UInt) {
    RED(0xFFFF0000u),
    GREEN(0xFF00FF00u)
}

fun setViewColor(color: ViewColor) =
    view.setColorByArgbUInt(color.argbColor)
```

6-6 ｜ まとめ

　本章では、クラスの依存関係で気をつけるべき点として、結合度・方向・重複・
明示性の4つを解説しました。まず結合度については、内容結合は避けるべきで、
共通結合・外部結合・制御結合は緩和するべきケースがあることを説明しました。
次に、依存の方向については、不要な巡回は避けるべきであり、そのために依存
の方向を決める基準が必要であるということを解説しました。たとえ巡回が必要
になったとしても、その用途と範囲を限定する必要があります。依存の重複につ
いては、「数珠つなぎの依存」や「依存の集合の重複」を避けるための方法につい
て説明しました。最後に依存の明示性については、クラスの定義のみで示せる依
存関係が好ましいということを、「過度な抽象化」と「暗黙的な変域」の2つのア
ンチパターンを使って解説しました。

第 **7** 章

コードレビュー

　どんなに可読性の高いコードを書こうと努力しても、それがすべて成功すると
は限りません。自分では読みやすいと思っていても、背景知識の違いや思い込み
などによって、他の人にとっては読みにくいコードになることもあるでしょう。
そうした事態を避けるためにも、コードレビューを通じて第三者の目でコードを
確認し、コードの可読性を検証することは重要です。もちろん、ロジックの正し
さを検証することもレビューの主要な目的ですが、本章では特に可読性について
焦点を当てます。

　コードレビューで可読性を高められるとはいえ、それに過剰なリソースを投入
してしまっては本末転倒です。効率的かつ効果的にレビューを行うためには、**レ
ビューイ**（reviewee：レビューを依頼する側）と**レビューア**（reviewer：レビュー
を実施する側）の双方ともに注意するべきポイントがあります。本章では、レ
ビューイの注意するべき点として「レビューしやすいプルリクエストの作成方法」
と「レビューコメントの適用方法」を、レビューアの注意するべき点として「レ
ビュー実施時の基本原則」と「レビューコメントの内容」を解説します。

　また本章では、GitHub上でレビューを行うことを想定します。つまり、複数
のコミットをまとめたプルリクエストという単位で、レビューを実施する前提で

す。GitLabなど、他のツールを使っている場合は、プルリクエストを「マージリ
クエスト」など、適宜読み替えてください。

7-1 | レビューイの注意点1：レビューしやすいプルリクエストを作る

効果の高いレビューを行うためには、プルリクエストの作り方にも気を配る必
要があります。レビューしやすいプルリクエストを作るためには、以下の3点が
重要です。

- プルリクエストの目的が明確
- プルリクエストのサイズが小さい
- プルリクエストに含まれるコミットが構造的

これらの要件を満たすように、何を書いて目的を明示するか、プルリクエスト
をどのように分割するか、コミットをどう構造的にするかについて説明します。

7-1-1　プルリクエストの目的の明示

プルリクエストの目的を明示しておくことで、コード変更の理由が分かりやす
くなり、レビューを円滑に進められます。必要に応じて以下のようなことを、プ
ルリクエストの説明として書くとよいでしょう。

- プルリクエストで達成する主な目的
- このプルリクエストで行わないこと
- 今後のプルリクエストの計画

特に「このプルリクエストで行わないこと」や「今後の計画」を明示しておくこ
とは重要です。背景知識を共有することで、レビューの長期化やプルリクエスト
の肥大化を防げます。基本的にレビューアは、プルリクエストに改善の余地があ
る限り、指摘を続ける必要があります。それらの指摘の中には、プルリクエスト
の目的から外れるものや、次のプルリクエストで対応予定だったものもあるで
しょう。そのような指摘を1つのプルリクエストで際限なく適用していると、作

業はなかなか完了しません。プルリクエストの責任範囲を明らかにしておくことで、「どのプルリクエストで指摘を適用するべきか」の議論を円滑に進めることができます。別のプルリクエストでその指摘を適用すると決めた場合は、必要に応じてイシュー管理システムのチケットを作成し、TODOコメントを残しておくとよいでしょう。

7-1-2　プルリクエストの分割

　適切なプルリクエストの大きさの目安は、1日の作業を基準に考えると分かりやすいです。1日の作業は複数のプルリクエストに分割するのが好ましいでしょう。逆に1週間・1ヶ月かけた「傑作」プルリクエストを作ってしまうと、レビューが非常に困難になります。巨大なプルリクエストをレビューするには、単純に時間がかかるだけではなく、気を配るべきポイントが多くなり、レビューの精度の低下を招きます。また、大きなプルリクエストで前提条件や構造の根本的な問題を発見した場合、書き直しが必要なコードの量も大きくなります。このように、プルリクエストが大きくなると、レビューア・レビューイ双方の生産性が低下しやすくなります。見方を変えると、巨大なプルリクエストを作ることは、過剰な投機的実行をしているのと同じであると言えるでしょう。

　しかし、プルリクエストを小さく保つのにも工夫が必要です。あるコードの変更が別の変更に依存している場合、コミットの切り分け方や順序が適切でないと、動作の整合性を保ちつつプルリクエストを分割することは困難でしょう。特に、大きな機能を開発するケースや、開発中に別の作業が必要になったケースでは、複数のコード変更間で依存関係が発生しやすいです。ここでは、それら2つのケースで、どのようにプルリクエストを分割すればよいかを解説します。

●大きな機能の開発時の状況

　機能の規模によっては、実装に数日から数週間、あるいは数ヶ月かかることもあります。しかし先述のとおり、数週間・数ヶ月をかけて1つのプルリクエストを作ってしまうと、効果的なレビューは見込めません。そのため、実装する機能の規模が大きい場合は、それが単一の機能であっても、複数のプルリクエストに分割することが求められます。つまり、個々のプルリクエストがマージされた時点では、機能がまだ完成していない状態です。このとき、継続的インテグレーショ

ンの恩恵を受けたり、他のチームメンバーの開発を阻害しないためには、たとえ
機能が未完成であったとしても、プロダクトとしてはビルド可能な状態を保つ必
要があります。

　プロダクトとしてビルド可能な状態を保ちつつ、1つの機能実装を複数のプル
リクエストに分割する方法として、ここではトップダウン方式とボトムアップ方
式の2つを紹介します。

●大きな機能の開発時の分割案1：トップダウン方式

　まず**トップダウン方式**では、詳細な部分は実装せずにクラスの骨組みだけを作
成します。クラスの骨組みでは、他のクラスとの依存関係や大まかなインター
フェイスを示すだけで、メソッドの実装については省略します。省略された部分
については、TODOコメントやKotlinの `TODO` 関数などで、予定されている実
装について書くとよいでしょう。また、将来の全体的な計画については、プルリ
クエストの「説明」の部分に書いておくとレビューがしやすくなります。**[コード
7-1]** では、コンストラクタ引数として渡すプロパティと、パブリックメソッドの
名前だけを示していますが、各メソッドの詳細な部分は作っていない状態です。

コード7-1　クラスの骨組み

```
class UserProfilePresenter(
    val useCase: UserProfileUseCase
    val profileRootView: View
) {
    fun showProfileImage() {
        TODO(...)
    }

    fun addUserTag() {
        TODO(...)
    }
}
```

　このように、骨組みのコードだけのプルリクエストを作ることで、依存関係な
どの全体的な構造を先にレビューできます。詳細のコードがない分、レビューア

は全体的な設計に集中することができるため、レビューの精度を高めることもできるでしょう。さらに、たとえ根本的な間違いがあったとしても、書き直しが必要なコードも小さくとどめておくことができます。

● **大きな機能の開発時の分割案2：ボトムアップ方式**

一方で**ボトムアップ方式**では、モデルクラスやユーティリティ関数などの小さい部品を作っておき、それを使うコードは後で作成します。他のコードへの依存が限定的、かつ、他のコードからの依存先になる予定のクラスや関数は、特にこのボトムアップ方式に適しています。当然ながら、ボトムアップ方式でプルリクエストを作成した時点では、その依存元となるコードは存在しません。プロダクトによっては、使われていないコードがあると、ビルドが失敗するように設定していることもあるでしょう。そのような設定の場合は、**[コード7-2]** の @Suppress のように警告を抑制しつつ、TODOコメントで今後の計画について説明する必要があります。さらに、実装計画の管理にイシュー管理システムを使っている場合は、イシューチケットのIDを活用することがより望ましいです。実際に**[コード7-2]** では、#12345 というような形でチケットIDを指定することによって、「作成した部品をどのイシューで使うことになるのか」を明確にしています。

コード7-2 部品からの作成

```
@Suppress("unused") // TODO(#12345): ...
class UserProfileModel(
    val userId: Int,
    val name: String,
    val profileImageUri: Uri?
)

object UserNameStringUtils {
    @Suppress("unused") // TODO(#12346): ...
    fun normalizeEmoji(userName: String): String = ...

    @Suppress("unused") // TODO(#12347): ...
    fun isValidUserName(userName: String): Boolean = ...
}
```

この方式では、個々の部品の独立性が高いことが保証できるため、後で構造上の欠陥が見つかった場合でも、部品自体は再利用できる可能性が高いです。また、レビュー中のプルリクエストがあったとしても、並行して新たなプルリクエストを容易に作成できます。ただし、トップダウン方式と比較して最終的な目的が分かりにくく、かつ、YAGNIに違反していないかを都度検証する必要があります。ボトムアップ方式を採用する際は、今後の予定についてレビューアに前もって説明しておくとよいでしょう。

レビューには時間がかかるため、トップダウンとボトムアップの両方の方式を同時に使い、複数のプルリクエストの作成を並行させるのが効率的です。また、どちらの方式を使うとしても、長期的な計画についてプロダクトのメンバーであらかじめ議論をしておくと、問題の洗い出しも容易になります。そのために、デザインドキュメント（Design Document, Design Doc）[*1]などを用いて大まかな設計や、開発の手順を文書化しておくのも1つの選択肢です。さらに、その文書へのリンクを使うことで、プルリクエストやタスクの説明を簡略化することもできます。

●追加作業発生時の状況

ある機能を実装している途中で、別の作業が必要になることは珍しくありません。実装を進めているうちに、別のモジュールの仕様変更が必要だと気づいたり、既存コードのリファクタリングを余儀なくされることもあるでしょう。例として、[コード7-3]のようなクラス CurrentTimeIndicator を作っていることを想定します。現時点では、2つの関数 toClockText と showCurrentTime の実装が完了しているとします。このときのコミットの状態は、[コミットリスト7-1]で示すとおりです。

コード7-3　現在時刻を表示するクラス

```
class CurrentClockIndicator(
    ...
) {
```

＊1　Chromium OSで公開されたデザインドキュメントの例：https://www.chromium.org/developers/design-documents、Flutterで公開されたデザインドキュメントの例：https://flutter.dev/docs/resources/design-docs

```
    fun showCurrentTime() {
        val currentTimeInMillis = ...
        val clockText = toClockText(currentTimeInMillis)

        ... // `clockText` の表示ロジック
    }

    companion object {
        private fun toClockText(timeInMillis: Long): String = ...
    }
}
```

コミットリスト7-1

```
Commit 1: `CurrentTimeIndicator` のスケルトンクラスを作成

Commit 2: プライベートユーティリティ関数，`toClockText` を実装

Commit 3: `CurrentTimeIndicator` の `showCurrentTime` を実装
```

第7章

コードレビュー

しかしここで、CurrentClockIndicator.toClockText と全く同じコード が、既存のクラス MessageTimeStampIndicator にも存在することに後から 気がついたとします。toClockText のコピーを作ることは技術的負債[*2]を生じ るため、ボーイスカウトルールに従うならば、CurrentTimeIndicator の実装 を完了する前に toClockText の統合を行うべきです。例えば、**[コード7-4]** の DateTimeTextFormatter のようなユーティリティ関数用のオブジェクトに toClockText を移動することで、CurrentTimeIndicator と MessageTime StampIndicator で重複するコードを統合できます[*3]。

[*2] 現在の設計や実装が理想的な状態から乖離していることによって、追加で支払わなくてはならない開発コストのこと です。

[*3] 名前空間としての object の使用は、今後 namespace に置き換わる可能性があります。

コード7-4 toClockText の抽出

```
class CurrentClockIndicator(
    ...
) {
    fun showCurrentTime() {
        val currentTimeInMillis = ...
        val clockText = DateTimeTextFormatter.toClockText(currentTimeInMillis)

        ... // `clockText` の表示ロジック
    }
}

object DateTimeTextFormatter {
    fun toClockText(timeInMillis: Long): String = ...
}
```

toClockText の抽出に関しては、**[コミットリスト7-1]** とは別のプルリクエストを作るのが望ましいでしょう。まずは、このリファクタリングを1つのプルリクエストに混ぜるべきでない理由と、よくないプルリクエストの分け方について、アンチパターンを使って解説します。

●**追加作業発生時のアンチパターン1：1つのプルリクエストにまとめる**

繰り返しになりますが、**[コミットリスト7-1]** と toClockText の抽出を1つのプルリクエストに統合することは避けてください。**[コミットリスト7-2]** と **[図7-1]** は、これらすべての変更を1つのプルリクエストに統合した状況を示しています。最初の3つのコミットは CurrentTimeIndicator に関することなので、レビューアはそのクラスの設計や、関数の実装のレビューに集中することができます。しかし、Commit 4 では、「toClockText と同様の実装が他にないか」など、他のコミットは異なる観点が必要になります。このように、確認するべき点が異なるコミットを1つのプルリクエストにまとめると、個々の要素に対するレビューの精度が低下しがちです。また、プロダクトの方針として、プルリクエストのマージに「Squash and marge」[*4] を行うことを前提としている場合、マージコミット

[*4] プルリクエストをマージする際のオプションの1つで、プルリクエスト内のすべてのコミットをまとめたマージコミットを作成することです。

244

に異なる目的の変更が混ざってしまいます。バグを発見した場合に、後から調査しやすくするためにも、Commit 1 から Commit 3 のプルリクエストと Commit 4 のプルリクエストは分けた方がよいでしょう。

コミットリスト 7-2

Commit 1: `CurrentTimeIndicator` のスケルトンクラスを作成

Commit 2: プライベートユーティリティ関数, `toClockText` を実装

Commit 3: `CurrentTimeIndicator` の `showCurrentTime` を実装

Commit 4: 既存の `toClockText` を `DateTimeTextFormatter` に抽出

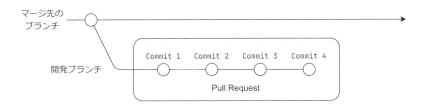

図7-1 すべての変更を1つのプルリクエストにまとめた状況

●追加作業発生時のアンチパターン2：時系列でプルリクエストを分割する

これら4つのコミットを単純に2つのプルリクエストに分割するならば、2つの開発ブランチを使うことになります。まず、Commit 1 から Commit 3 を含めた Pull Request A を作成し、レビューを依頼します。レビューを依頼している間に、[図7-2]のように Commit 3 から新たなブランチを作成し、その上で Commit 4 の作業を行います。レビューが完了して Pull Request A がマージされたら、[図7-3]のように Commit 4 のブランチをリベースすることで、Commit 4 のみを含む Pull Request B を作成することができます。このようにすることで、Commit 1 から Commit 3 のレビューと、Commit 4 のレビューを分けることができます。

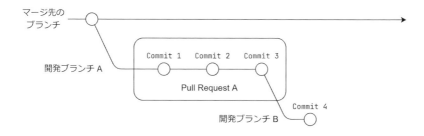

図7-2 レビュー依頼中に追加作業を行っている状況

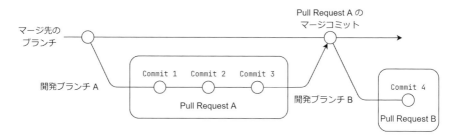

図7-3 追加作業に対してレビュー依頼を行っている状況

　しかしこの分割の仕方では、一時的に技術的負債が存在してしまいます。Pull Request A がマージされた時点では、toClockText が CurrentTimeIndicator と MessageTimeStampIndicator に重複して存在しているため、ボーイスカウトルールに反しています。そして、Pull Request B を作る前に別の優先度の高い開発タスクが割り込んだ場合、Pull Request B を作ることを忘れてしまうこともあるでしょう。そうなると、コードの重複が長い間存在する結果を招きます。

●追加作業発生時の分割案1：先に追加作業を完了させる

　この問題を解決するため、開発中に追加の作業が必要になった場合、先にその追加作業を完了させてしまい、そのあとに本来の開発作業に戻るという方法があります。前提として、Commit 1 を作成した時点で、toClockText の重複に気がついた状況を想定します。その場合は[図7-4]のように、Commit 2 を作らず、別ブランチで既存の toClockText を抽出するコミットとプルリクエストを作

ります。これらをそれぞれ `Commit 4'` と `Pull Request B'` とします。

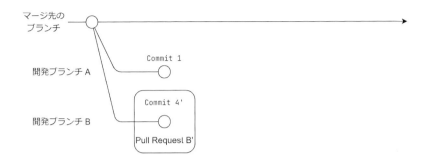

図7- 4　本来の作業と並行して追加作業を行っている状況

次に[**図7-5**]のように、`Commit 1` の機能開発ブランチを `Commit 4'` のブランチに対してリベースします。こうすることで、`Pull Request B'` のレビューを受けている間に、リファクタリングされた `toClockText` を使って `Commit 3` を作ることができます。したがって、`Commit 2` は不要になります。

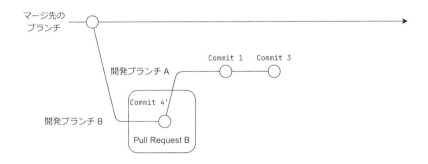

図7-5　本来の作業のブランチを追加作業のブランチにリベースした状況

そして `Pull Request B'` がマージされたら、[**図7-6**]のように、本来の機能開発ブランチを `Pull Request B'` のマージコミットでリベースし、`Pull Request A` を作成します。このようにすることで、一時的な技術的負債を発生させずに、レビューしやすいプルリクエストの分割を実現することができます。

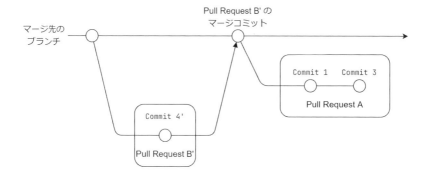

図7-6 追加作業のプルリクエストがマージされた状況

●追加作業発生時の分割案2：コミットを分割・並べ替え・マージする

　分割案1を適用するためには、Commit 2 を作る前に、プルリクエストの分割が必要なことに気づかなくてはなりません。しかし、適切なプルリクエストの大きさを、常に正確に見積もることができるとは限りません。アンチパターン1のように、Commit 1 から Commit 4 までを作ってしまい、後でプルリクエストの分割の必要性に気がつくこともあります。そのような場合は、適宜コミットを分割・並べ替え・マージすることによって、プルリクエストを正しく分割できます*5。

　[コミットリスト7-2] の Commit 4 を分割するならば、MessageTimeStamp Indicator に対する toClockText の抽出と、CurrentTime Indicator に対する抽出とでコミットを分割すればよいでしょう。それぞれを Commit 4' と Commit 4'' とします。ここで、Commit 4' は新規実装のコードと直接は関連しないため、順番を入れ替えても衝突は起きません。そこで、Commit 4' を Commit 1 の前に移動します。ここまでの作業で**[コミットリスト7-3]**と**[図7-7]**の状態になります。

＊5　Gitのコマンドラインを使うのであれば、git rebase -i で対話モードを利用するとよいでしょう。

コミットリスト7-3

```
Commit 4': `MessageTimeStampIndicator` の `toClockText` を
    `DateTimeTextFormatter` に抽出

Commit 1: `CurrentTimeIndicator` のスケルトンクラスを作成

Commit 2: `CurrentTimeIndicator` の `toClockText` を実装

Commit 3: `CurrentTimeIndicator` の `showCurrentTime` を実装

Commit 4'': `CurrentTimeIndicator` の `toClockText` を
    `DateTimeTextFormatter` に抽出
```

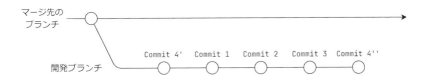

図7-7 追加作業のコミットを分割した状況

　この状態を作れば、プルリクエストの分割は容易です。まず、Commit 2 から Commit 4'' までを統合します。次に、Commit 1 以降を別の開発ブランチに移動すれば、分割案1と同じ状況になります。

　このように、現在進行している開発に対して追加の作業が必要になった場合は、別のブランチで作業を行ってリベースをしたり、後でコミットを分割・並べ替え・マージをすることで、それぞれのプルリクエストを小さく維持することができます。

7-1-3　コミットの構造化

　プルリクエストの意図は、そのタイトルやディスクリプションからだけでなく、コミットの並びからも読み取れるのが理想です。そのためには、各コミットの責任を明確にし、不要なコミットがプルリクエストに含まれないように気を配る必要があります。

●不要なコミットの削除

　開発中に動作の確認を行うため、一時的なコードを作成する場合があります。例えば、ドキュメントでは不明瞭なエッジケースを確認するためのコードや、試験的な実装、デバッグ出力などがあてはまります。そのようなコードをコミットとして残した場合は、コード削除用のコミットを別途追加するのではなく、プルリクエストを作る前にコミットごと削除するとよいでしょう。

　[コミットリスト7-4]のプルリクエストでは Commit 2 の中で実装を行っているのですが、その前に Commit 1 で確認のためのデバッグ出力のコードを追加し、それを Commit 3 で削除しています。レビューをコミットごとに行う場合、Commit 1 を見た時点ではログの目的が分かりにくいです。さらに、仮に Commit 1 に対して何かレビューコメントを書いたとしても、Commit 3 でそのコードが消えるため、コメントが無駄になってしまいます。Commit 1 をレビューしている段階では、レビューアはその問題に気がつけません。

コミットリスト7-4

```
Commit 1: デバッグ出力のログ追加

Commit 2: 機能 FOO の実装

Commit 3: デバッグ出力のログ削除
```

　レビューを依頼する前に、一時的なコードのコミットは削除するべきです。Git のコマンドラインを使うのであれば git rebase -i で対話モードを利用することで、[コミットリスト7-5]のように、Commit 1 と Commit 3 を Commit 2 に統合できます。その結果、作成したプルリクエスト上からも、デバッグログに関するコードは見えなくなるため、レビューを円滑に行えるようになります。

コミットリスト7-5

```
Commit 2: 機能 FOO の実装
```

●コミットの責任の明確化

　1つのコミットで複数の変更を行うと、そのコミットの目的を把握しにくくなるため、レビューが困難になります。特にコミットメッセージで言及されていない変更があると、誤解の原因となるでしょう。それを避けるためにも、コミットごとに責任範囲を明確にすることが重要です。例えば1つのコミットで、ある関数を実装しつつ、関連性の薄い別の関数をリファクタリングしてしまうと、そのコミットで何をしたいのかが不明瞭になります。

　他にも、1つのプルリクエストで、名前やフォーマットなどの表面的な変更と、本質的なロジックの変更を行う場合、これら2つの変更は別のコミットに切り分けるべきです。特に「表面的な変更」が統合開発環境の機能などで自動的に行われる場合、コミットを切り分けることが、短時間でのレビューを可能にします。一方で、自動的な変更と手作業による変更を1つのコミットにまとめてしまうと、すべての変更を丁寧に確認する必要があるため、レビューにかかる時間が長くなりがちです。

　例として、関数のシグネチャを `setValue(value: Int)` から `storeValue(value: SomeModel)` に変更する場合を考えます。このとき `setValue` から `storeValue` への名前の変更は、多くの場合で機械的に行うことが可能です[*6]。しかし、引数の型を `Int` から `SomeModel` に変更する場合は、呼び出し元のロジックも変更する必要があります。これらの変更が別のコミットで行われていれば、名前の変更については短時間でレビューが可能です。その際、どのようなツールを使って名前を変更したかについてコミットメッセージに明記しておけば、レビューアは安心して変更を確認することができるでしょう。

　しかし、コミットの責務を小さくするためであっても、手当たりしだいにコミットを分割するべきではありません。レビューしやすいプルリクエストを作るためには、コミットごとに意味がまとまるように、コミットを分割する「軸」を考慮する必要があります。例えば `functionA` と `functionB` およびそれらのユニットテスト `testFunctionA`・`testFunctionB` を実装する場合を考えましょう。このとき、2つのコミットでプルリクエストを構成する方法としては、[コミットリスト7-6]（選択肢1）と[コミットリスト7-7]（選択肢2）の2つの選択肢が挙げられます。

第
7
章

コードレビュー

＊6　オーバーロードや動的呼び出しがある場合は注意が必要です。特に動的型付けを利用したメソッド呼び出しがある場合は、名前の変更も「表面的な変更」とはみなせないことも多いでしょう。

コミットリスト7-6

```
Commit 1: functionA と functionB を実装

Commit 2: functionA と functionB のユニットテストを実装
```

コミットリスト7-7

```
Commit 1: functionA とそのユニットテストを実装

Commit 2: functionB とそのユニットテストを実装
```

　この場合、選択肢2の方がレビューのしやすさの観点からは優れています。テストで漏れているエッジケースがないかを確認したり、テストの前提条件と実際のコードの対応が取れているかを確認するためには、選択肢1では2つのコミットを見比べなければなりません。一方で選択肢2では、それらの確認は1つのコミットで完結します。また選択肢1では、functionA の確認に集中したい場合でも、functionB のコードが同じコミットに入っているため、それがノイズとなってしまうでしょう。

7-2 │ レビューイの注意点2：コメントを適用する方法

　レビューコメントは、コードの可読性や正確性、頑健性を向上させるヒントとして有用です。しかし、それを鵜呑みにして、単に指示に従えばよいわけではありません。理想的には、よりよいコードを目指すために、レビューアとレビューイが議論を行える状況を目指すべきです。そのためにも、レビューコメントを適用する前に、そのコメントの意図や背景を理解する必要があります。ここでは、レビューイがコメントを適用する際に行うべき、以下の3つの点について解説します。

- 間違ったコメントや質問が起きた理由を考える
- 提案の意図を理解する
- 提案を他の部分に適用できないかを考える

7-2-1 間違ったコメントや質問への対応

　レビューのコメントの内容は、必ずしも正確であるとは限りません。また、コメントの内容は改善の提案とは限らず、不明なことに対する質問などもあります。特にコードの可読性が十分でないと、不正確なコメントや質問が発生しやすくなるでしょう。また、レビューアが誤解をしたり、疑問を持ったということは、他の開発者がそのコードを読んだとしても、同じ誤解や疑問を持つ可能性があるということです。そのようなコメントを受け取ったときは、レビューアの誤解の元や質問の意図を読み取り、コードの不明瞭な点や紛らわしい点を洗い出しましょう。

　if (userModel == null) のような、null をチェックしているコードのレビューを依頼したとします。このコードに対して、「null を比較する理由は何ですか？」という質問をレビューコメントとして受けることもあるでしょう。レビューコメントの返信として、質問の回答を書くこともできますが、以下の2つの方法が使えないかを検討してください。

- ロジックそのものを変更して、疑問や誤解の余地を減らす：null チェックをアンハッピーパスとして取り扱っている場合は、それをハッピーパスに統合できないかを確認するとよいでしょう。また、引数や戻り値の型を変更することによって、そもそも null を取り扱わなくてもよくなるかもしれません。このように、「なぜ null をチェックする必要があるのか」という疑問そのものが起きないように、ロジックを変更できることがあります。
- コード内の説明で、疑問の回答や誤解の解消を行う：「なぜ null チェックをしているのか」について、レビューコメントの返信ではなく、インラインコメントで説明するという方法があります。誰もが読める形式で理由を書いておくことで、他の開発者が同じ疑問を持つことを回避でき、結果的に理解しやすいコードになります。また、ローカル変数やプライベート関数の名前を使うことで、状況や理由を説明することもできます。[コード7-5] では、null チェックの結果に isUserExpired という名前を与えることで、このチェックにどのような意味があるのかを説明しています。

コード7-5 ◎GOOD ローカル変数を用いたnullチェックの説明

```
val isUserExpired = userModel == null
if (isUserExpired) {
    ...
```

7-2-2 提案の意図の理解

　レビューコメントとして、コードの改善案を示されることがあります。その際、「何も考えずに提案をそのまま適用する」のは避けてください。コメントを適用する前に、それによって何が改善されるのかを理解することが求められます。提案されたコードによって、単純にバグやコーディング規約違反が解決される場合もあるでしょう。あるいは、可読性や頑健性を向上させるためのものかもしれません。例えば、不要な状態・条件分岐・依存関係を削除する提案や、関数の流れや責任範囲をより明確にする案などがありえます。レビューアがその提案で何を達成したかったのかを確認しましょう。

　また、提案されたコードは、改善したい点のみに着目して書かれている可能性があります。つまり、エッジケースやエラーケースの処理や、本題でない部分の構造や命名、前提条件など、本質的でない箇所が簡略化されている場合があります。さらには、提案されたコードがバグを含んでいることもあります。提案されたコードを適用する前に、動作の検証を行い、リファクタリングが必要でないか確認してください。

7-2-3 他の部分への適用

　コードのある一部分に対して提案が入ったときには、他の部分にも同様の改善を適用できないか検討してください。例えば、「null の可能性を明示するため、@Nullable というアノテーションを関数の仮引数に追加してください」というコメントが付けられたとします。このとき、単純にコメントで指摘された箇所のみに @Nullable を追加するだけでなく、同じ関数の他の仮引数や戻り値、さらには同じプルリクエスト内で変更された他の関数にも適用できないかを考えるとよいでしょう。

　また、コメントで指摘を受けた点については、次回以降のプルリクエスト作成時、レビュー依頼前に確認できると理想的です。コメントで指摘される内容は、

コーディング規約やスタイルの指摘の他、言語やプラットフォーム固有のコードの定石、名前やコメントの単語の選び方や文法、構造や依存関係、テストについてなど多岐にわたります。すべてを常に確認するのは難しいですが、頻繁に指摘されたものについては事前に確認しましょう。また、コメントの中でも重要な指摘については、チームのメンバーで共有できる仕組みがあると、チーム全体の技術力の向上を図ることができます。

7-3 | レビューアの注意点1：レビュー実施時の基本原則

レビューによるコードの改善はレビューア・レビューイの共同作業であり、互いを尊重することが大前提です。レビューの指摘はコード・仕様・プロセスといった、レビューア・レビューイの人格とは分離されたものを対象とするべきです。暴言や人格否定は「レビュー」とは言えません。そのような行為は、円滑な協力関係の構築の妨げになります。レビューは、レビューイを助けるためのプロセスであることに留意しましょう。

また、レビューの重要な目的はコードベースの可読性を高く保ち、一定の生産性を維持することです。コードレビューに過剰な時間をかけてしまい、逆に生産効率を下げてしまっては本末転倒になります。もちろん、レビューイの助けになることは重要ですが、そこに無限の時間や労力を割いてよい訳ではありません。

ここでは、レビューイの助けになることと、生産性を維持することのバランスをとる上で重要な4つのポイントについて解説します。

第 7 章

コードレビュー

- レビュー依頼を放置しない
- 問題のあるプルリクエストを拒否する
- 締め切りを意識しすぎない
- 「提案」以外のコメントを考慮する

7-3-1 レビュー依頼を放置しない

レビュー依頼を受けたとき、いつまでに最初の返信をするかという期限を、チームのルールとして決めておくとよいでしょう。ルールの例としては「勤務日において24時間以内に返答する」といったものが考えられます。前述のルールの

もとでは、月曜の午後3時にレビューを依頼された場合、翌日火曜日の午後3時までに返信しなければなりません。一方、休日前（週末や休暇前など）のレビュー依頼ならば、その休日明けの同じ時刻までに返信すればよいです。

　ルールで決める期限は、レビューをするという期限ではなく、あくまでも返信の期限にするとよいでしょう。より優先度の高いタスクを大量に抱えているときは、すぐにレビューに取り掛かれません。それでも期限中に「返信」を行い、自分がどういう状態なのかをレビューイに伝えることが大切です。「すぐにはレビューできない」と返信しておけば、レビューイはそれを受けて適切な行動を選択できます。プルリクエストの緊急度や重要度に応じて、レビューイは単純に待つこともできますし、他のレビューアを探すこともできます。

　実際にはレビューできないのにもかかわらず、「レビューできる」と返信するのは避けるべきです。たとえそのプルリクエストが緊急性の高いものだったとしても、レビューアが「レビューできる」と答えている限りは、レビューイは待つ以外の選択肢を取ることができません。そういう意味では、レビューできない状況で「レビューできる」と返信することは、依頼を無視することよりも、レビューイが取れる選択肢を狭める結果になってしまいます。

7-3-2　問題のあるプルリクエストを拒否する

　プルリクエストが大きすぎる場合や基本的な設計が間違っている場合など、プルリクエストが根本的な問題を抱えていることもあります。そのような状況でレビューを継続しても、効率的な改善ができなくなるばかりか、指摘の漏れも多くなります。結果として、レビューア・レビューイ双方の時間を浪費したり、品質の低いコードがマージされたりしてしまうでしょう。このような事態を防ぐためにも、大きな問題のあるプルリクエストは一旦クローズしてもらい、新たに作り直してもらうことも必要です。

　ただし、プルリクエストを作り直してもらう際には、必ずフォローアップをしてください。大きすぎるプルリクエストに対しては、どのように分割するかを示すべきです。また、設計に問題がある場合はスケルトンクラスを作ってもらい、改めて構造のみを対象にレビューをするとよいでしょう。他にも、プルリクエストの作り直しの前に設計について議論を行ったり、デザインドキュメントを協力して作成するのも有効です。

7-3-3　締め切りを意識しすぎない

「忙しいから」や「締め切りが近いから」という理由で、レビューの品質を下げることは好ましくありません。そのような特例を繰り返すことで、低品質なレビューが常態化し、本当に忙しくなったときにさらなる品質低下を招くからです。

もし、レビューのプロセスを急ぐ必要があるならば、最低限のこととして、急がなくてはならない理由を説明してもらいましょう。場合によっては、仕様の変更などで対処できたり、機能実装を次回のリリースに延期できたりします。レビューイが「絶対に期限までにマージしなくてはならない」という先入観に囚われている場合もあるので、レビューアがより広い視野を持てるように気をつけましょう。レビューアも冷静さを失ってしまうと、重大なバグを見落とすなど、事態を悪化させかねません。

しかし、多数のユーザに多大な影響を与えているバグの修正や、経営戦略的にどうしても早くリリースしないといけない場合など、その場しのぎのコードを使ってでもマージを急ぐべき状況もあります。その場合は、必要に応じて以下のことを行いましょう。

- 後でどのようにコードを改善するか、おおまかな方針の合意をとっておく
- その場しのぎのコードに対するコメントとテストを残しておく
- イシュー管理システム上で「将来のコード改善」のチケットを作成しておく

また、レビューの基準を下げる必要があった場合は、後で振り返り（レトロスペクティブ）を行い、開発プロセスの改善を試みるのも1つの手段です。

7-3-4　「提案」以外のコメントを考慮する

レビューコメントで改善の提案を行う場合、具体的かつ明確な内容を書くことが好ましいです。曖昧なコメントを書いてしまうと、レビューイはそのコメントをどう取り扱えばよいか分からなくなり、精神的に負荷がかかる可能性があります。一方で、曖昧性のないコメントを書くことで、レビューイの取るべき行動が明確になり、レビューとコード更新の反復を減らすことができます。

しかし、具体的な提案が必ずしも最善とは限りません。コメントで詳細を詰めようとすると、レビューアが多くの時間をかける必要があるため、レビューイと

レビューアの負荷のバランスが崩れることもあります。また、レビューイを教育するという観点では、レビューイ本人に調査・比較・考察してもらうステップも重要になるため、あえて選択の幅を残すことも有効でしょう。どの程度具体的な提案をするかの段階としては、以下のようなものが考えられます。上の段階ほど簡略なコメントで、反対に下の段階は詳細なコメントです。

- 問題点がないか確認を促す
- 問題点を指摘する
- 問題点とその再現方法や理由を提示する
- 問題を解消するための手法をいくつか提示する
- 問題を解消するための最適な手法を提示する
- 問題を解消するためのコードを提案する

　問題点の発見以前に、コードで不明な点がある場合は、無理に解読を試みるよりもレビューイに質問をする方が効率的でしょう。レビューアが疑問を抱いたということは、他の開発者も同様の疑問を持つと考えられます。あらかじめ、その点を洗い出しておくという意味でも、質問することは有用でしょう。

　また、指摘内容を伝えるにしても、質問をするにしても、必ずしもレビューコメントを使う必要はありません。より効率的な伝達や議論を行うために、対面の議論やチャットを使うことも選択肢に入れてください。ただしその場合は、議論した内容や結論を要約してレビューコメントとして残しておき、他の開発者が経緯を理解できるようにしておくべきです。

7-4 ｜ レビューアの注意点２：コメントの内容

　レビューで指摘するべき点は多岐にわたります。本書で紹介した内容（プログラミング原則・命名・コメント・状態・関数・依存関係）はもちろん、他にも以下の要素を確認する必要があります。

- コーディングスタイル・コーディング規約・言語やプラットフォーム固有のイディオム

- テストコードや動作の確認手段
- プルリクエストやコミットの大きさ・構造
- タスクそのものの目的・範囲
- コードの複雑性と達成したいことのバランス
- バグやセキュリティ上の欠陥
- パフォーマンスやフットプリントの変化

ただし、これらの中で静的解析ツールによって自動的に指摘できるものは、可能な限りツールに任せるべきです。

また、「気がつかないうちにコードベースの可読性が悪化していた」という状況を避けるために、コードレビューを行う際は変更があったコードそのものだけでなく、その周辺のコードや依存関係のあるコードも確認する必要があります。

7-4-1 ケーススタディ

コードレビューを通してどのように問題点を発見していくか、ケーススタディをもとに解説します。

まず前提条件として、[コード7-6] のような写真を表示するための関数があるとします。

コード7-6 写真を表示するための関数

```
fun showPhotoView(
    photoModel: PhotoModel
) {
    if (!photoModel.isValid) {
        return
    }
    ...
}
```

ここで [コード7-7] のように、新たな仮引数 isInPhotoEditor を追加するプルリクエストが作られ、そのコードレビューを依頼されたと想定します。この変更で期待している動作は、「このビューが写真の編集画面で表示されているならば、写真の表示に失敗したときにエラーダイアログを表示する」というものです。

つまり、写真の編集画面でこの関数を呼ばれたときは、isInPhotoEditor と
して true が渡されていることを期待しています。

コード7-7　仮引数を追加した状態

```
fun showPhotoView(
    photoModel: PhotoModel,
    isInPhotoEditor: Boolean
) {
    if (!photoModel.isValid) {
        if (isInPhotoEditor) {
            showDialog()
        }
        return
    }
    ...
}
```

　ここではまず、追加された仮引数の名前に注目してみます。isInPhoto
Editor は、どこで関数が呼ばれるかを示しており、この真偽値が何をするのか・
何であるのかについて説明していません。この引数が true のとき、「エラー時
にダイアログを表示する」という動作を行うため、それが理解できるような名前に
変更するべきです。例えば、[コード7-8]のように shouldShowDialogOnError
という名前が候補になります。

コード7-8　仮引数の名前の変更例

```
fun showPhotoView(
    photoModel: PhotoModel,
    shouldShowDialogOnError: Boolean
) {
    if (!photoModel.isValid) {
        if (shouldShowDialogOnError) {
            showDialog()
        }
        return
    }
```

```
    ...
}
```

　名前を shouldShowDialogOnError と変えたことで、新たな事実を発見で
きます。shouldShowDialogOnError は何をするかを決定するフラグになっ
ているため、呼び出し元とこの関数の間で制御結合が発生していることが明らか
になりました。この値が true になるのは、写真の編集画面が呼び出し元にな
る場合だけなので、ダイアログを表示する責任を呼び出し元に移動するとよいで
しょう。そのためには[コード7-9]のように、showPhotoView が成否を戻り値
として示す必要があります。

コード7-9　成否を戻り値として返す変更

```
fun showPhotoView(photoModel: PhotoModel): Boolean {
    if (!photoModel.isValid) {
        return false
    }

    ...
    return true
}
```

　編集画面のコードでは[コード7-10]のように、showPhotoView の戻り値
が false のときに showErrorDialog を呼び出せば十分です。また、編集画
面以外のコードでは、戻り値を無視してよいでしょう。

コード7-10　コード7-9の呼び出し元のコード

```
// 編集画面のコード
val isPhotoShown = showPhotoView(...)
if (!isPhotoShown) {
    showErrorDialog(...)
}

...
```

```
// 編集画面以外のコード
showPhotoView(...) // 戻り値は使用しない。
```

　これで制御結合は解消され、`showPhotoView` の責任範囲が分かりやすくな
りました。しかし、まだ改善の余地があります。`showPhotoView` という名前は、
写真を表示するという動作について説明していますが、戻り値について説明をし
ていません。このように、関数の名前が戻り値について説明していない場合は、
ドキュメンテーションが必要になります。また、今回はエラー時の処理が存在す
るため、それについても**[コード7-11]**のように言及するとよいでしょう。

コード7-11　ドキュメンテーションの追加例

```
/**
 * [photoModel] が ... である限り、その写真をビューの中心に表示し、`true` を返す。
 * 一方、[photoModel] が ... ならば、写真を表示せずに `false` を返す。
 */
fun showPhotoView(photoModel: PhotoModel): Boolean {
    if (!photoModel.isValid) {
        return false
    }

    ...
    return true
}
```

　レビューを通して不明点の洗い出しと改善を行うことで、このように別の改善
点が見えてくることもあります。コードレビューにおいては、レビューアとレ
ビューイが協力して、コードを改善し続けることが重要と言えるでしょう。

7-5 ｜ まとめ

　本章ではコードレビューの注意点を、レビューイとレビューアそれぞれの立場
で解説しました。まず、レビューイとしてプルリクエストを作る際には、プルリ
クエストやコミットの構造と責任範囲、大きさに注意する必要があることを説明

しました。また、レビューコメントを適用する際には、コメントを機械的に適用せず、意図を理解する必要があると述べました。一方レビューアの立場としては、レビューイを尊重しつつも効率的なレビューを行うことの重要性と、レビューの際に注目するべき点について解説しました。

付　録

本書を読む上で必要となるKotlinの文法

●変数

```
// `val` または `var` で変数を定義。
// `val` は読み取り専用。
val foo: Int = 42

// var は再代入が可能。
var bar: String = "string"
bar = "another string"

// 推論できるならば、型は省略可能。
val baz = "string"
```

●関数

```
// fun で関数を定義。
// `()` 内に仮引数の定義。その後ろの `:` で戻り値の型を定義。
fun add1(x: Int, y: Int): Int {
    return x + y
}
// 関数のボディが 1 つの式で構成されるならば、
// `{}` の代わりに `=` を使って定義できる。
// その場合は戻り値の型を省略可能。
fun add2(x: Int, y: Int) = x + y

// Java で言うところの `void` の代わりとして、`Unit` を使う。
// 戻り値の `Unit` は省略可能。
fun print1(): Unit {
    println("hello")
}
fun print2() {
    println("hello")
}
```

● 制御構造

```
fun controlFlow(boolean: Boolean, integer: Int) {
    // `if` による条件分岐。
    if (boolean) {
        println("Boolean is true")
    } else {
        println("Boolean is false")
    }

    // `if` は式としても扱われる。
    val result1 = if (boolean) 42 else 24

    // `when` による条件分岐。
    val result2 = when {
        integer <= 24 -> "small"
        integer <= 42 -> "medium"
        else -> "large"
    }

    // `for` によるループ。
    for (i in 0 until 10) {
        println(i)
    }
}
```

● クラス・インターフェイス

```
// インターフェイスの定義。
interface FooInterface {
    fun foo(): Int
}

// クラスの定義。
// クラス名の後ろの `()` はプライマリコンストラクタの定義。
// コンストラクタの引数に `val` や `var` をつけることで、
// プロパティ(メンバ変数)として定義可能。
// 継承するクラスやインターフェイスを `:` の後ろで指定。
class FooClass(val property1: Int) : FooInterface {
    // プロパティの定義。
    var property2: String = "hello"
```

```kotlin
    init {
        // イニシャライザ。コンストラクタ呼び出し時に実行するコードを書く。
    }

    // パブリックメソッドの定義。
    fun print() = println(property1)

    // プライベートメソッドの定義。
    private fun privatePrint() = println(property2)

    // 関数のオーバーライド。
    override fun foo(): Int = property1

    // Java で言う static なメンバは `companion object` のメンバとして定義。
    companion object {
        val CONSTANT_VALUE = 1000
        fun staticFunction() = println(CONSTANT_VALUE)
    }
}

// シングルトンオブジェクトの定義。
object SingletonObject {
    val SINGLETON_OBJECT_VALUE = 42
}
```

●インスタンス・メンバの利用

```kotlin
// コンストラクタを呼び出すことでインスタンスを作る。
val fooInstance = FooClass(42)

// インスタンスのメソッド呼び出しやプロパティのアクセス。
fooInstance.print()
val helloText = fooInstance.property2 // "hello"

// `companion object`・`object` のメンバのアクセス。
FooClass.staticFunction() // print "1000"
val value = SingletonObject.SINGLETON_OBJECT_VALUE // 42
```

●null許容型 (nullable)

```
// `?` をつけた型は null 許容型になり、`null` を代入可能になる。
val nullableString: String? = null

// セーフコール演算子 `?.` を使うと、
// レシーバが非 null の場合にのみ実行される。
var nullableInt: Int? = null
nullableInt?.toString() // `toString` は呼ばれず、結果は null になる。
nullableInt = 42
nullableInt?.toString() // `toString` が呼ばれ、結果は `"42"` になる。

// エルヴィス演算子 `?:` を使い、`a ?: b` とすると、
// `a` が非 null なら結果は `a`、
// `a` が null なら結果は `b` となる。
var nullableFloat: Float? = null
nullableFloat ?: -1F // `nullableFloat` が `null` のため、結果は `-1F`。
nullableFloat = 42F
nullableFloat ?: -1F // `nullableFloat` が非 `null` のため、結果は `42F`。
```

●高階関数

```
// `(Parameter) -> ReturnValue` という形式で関数を型として定義可能。
fun callCallback(callback: (Int) -> Unit) {
    callback(42) // 42 を引数として `callback` を実行。
}

// ラムダ（無名関数）は `{ parameter -> ... }` という形式で定義。
callCallback({ param -> println(param) })

// ラムダの引数が 1 つの場合は、名前を省略して `it` として取り扱える。
callCallback({ println(it) })

// 「引数として関数を 1 つだけ受け取る」呼び出しにラムダを渡す場合、
// `()` を省略可能。
callCallback { println(it) }

// 引数が複数あり、最後の引数がラムダの場合は、
// ラムダを引数の `()` の外に書ける。
fun applyToCallback(argument: Int, callback: (Int) -> Unit) {
    callback(argument)
```

```
}
applyToCallback(42) { println(it) }

// リスト (1, 2, 3, 4) から偶数を取り出して 2 倍にする例。
// `filterMapResult` はリスト (4, 8) になる。
val filterMapResult = listOf(1, 2, 3, 4)
    .filter { it % 2 == 0 }
    .map { it * 2 }
```

●スコープ関数

```
// `let` は関数を受け取り、その関数の実行結果を戻り値として返す。
// 受け取った関数を実行するための引数としては、レシーバが使われる。
val number = 10
val letResult = number.let {
    // `it` は `let` のレシーバ。つまり、`it` は 10。
    it + 20
}
// letResult は 30 になる。

// `also` は関数を受け取り、その関数を実行し、レシーバを戻り値として返す。
// 受け取った関数を実行するための引数としては、レシーバが使われる。
val mutableList = mutableListOf(1, 2)
val alsoResult = mutableList.also {
    // `it` は `also` のレシーバ。つまり、`it` は可変リスト (1, 2)。
    it += 3
    it += 4
}
// alsoResult は可変リスト (1, 2, 3, 4) になる。
```

索 引

さ行

た行

な行

は行

ま行

や行

ら行

[著者プロフィール]

石川 宗寿 (いしかわ むねとし)

LINE株式会社 LINE Platform Developmentセンター2 モバイルエクスペリエンス開発室 ディ
ベロッパーエクスペリエンス開発チーム 所属。シニアソフトウェアエンジニアとして、コミュ
ニケーションアプリ"LINE"のAndroid版の開発に従事。"LINE"のソースコードの可読性向上の
ため、自らリファクタリング・コードレビューをする他、可読性にかかわる開発文化や基盤の構
築、教育・採用プロセスの改善なども行う。

カバー・本文デザイン	…… waonica
DTP	…… 五野上 恵美 (技術評論社)
企画	…… 傳 智之
編集	…… 平野 怜

お問い合わせについて

本書に関するご質問については、本書に記載されている内容に関するもののみとさせていただきます。本書の内容を超えるものや、本書の内容と関係のないご質問につきましては、一切お答えできませんので、あらかじめご了承ください。また、電話でのご質問は受け付けておりませんので、ウェブの質問フォームにてお送りください。FAXまたは書面でも受け付けております。

〒162-0846 東京都新宿区市谷左内町21-13
株式会社技術評論社 書籍編集部
「読みやすいコードのガイドライン」質問係
[FAX] 03-3513-6183
[URL] https://book.gihyo.jp/116

ご質問の際に記載いただいた個人情報は、質問の返答以外の目的には使用いたしません。また、質問の返答後は速やかに削除させていただきます。

読みやすいコードのガイドライン
持続可能なソフトウェア開発のために

2022年11月4日 初 版 第1刷発行

著 者	…… 石川 宗寿
発行者	…… 片岡 巌
発行所	…… 株式会社 技術評論社
	東京都新宿区市谷左内町21-13
	電話 03-3513-6150 販売促進部
	03-3513-6166 書籍編集部
印刷／製本	…… 昭和情報プロセス株式会社